本书为教育部青年专项课题《学校教育关涉学生幸福的有限性及可能性研究》的阶段性成果，课题批准号EEA090371。

教育博士文库

Shehui Kongzhilun Shijiao Xia de
Jiaoyu yu Xingfu

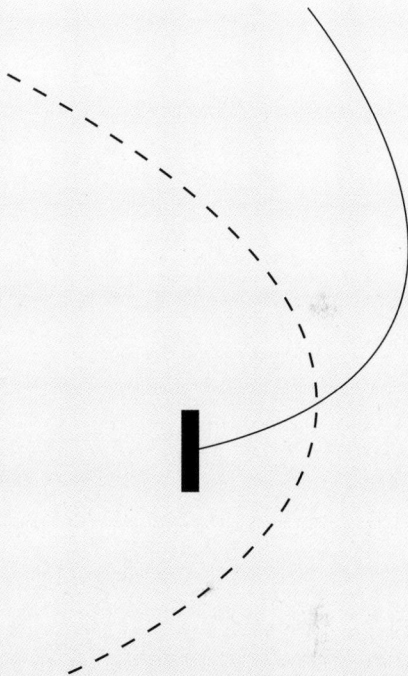

社会控制论视角下的教育与幸福

——以上海市实验性示范性高中为例

田若飞/著

教育科学出版社
·北京·

作 者 简 介

田若飞，女，1973年生。2008年毕业于华东师范大学教育科学学院，获教育学博士学位。现为沈阳师范大学教育科学学院副教授，主要从事教育文化与社会、教育评价等方面的研究。发表论文10余篇，主持省部级研究课题两项。

摘　要

　　法国作家尚福尔曾说过，幸福不是一件容易的事：她很难求之于自身，但要想在别处得到则更不可能。幸福就其本质而言是一种主观体验。因此，幸福的承担者只能是个体，而他人的幸福对我们来说永远都是间接的。也许正是由于幸福的这种个体特征，当人们判断幸福时，通常都是以自我为参照。如果一个人认为拥有物质是幸福，那么在他/她的眼里有钱人就是最幸福的；如果一个人认为闲散是幸福，那么在他/她的眼里那些辛苦劳作的人就是最不幸的。然而，我们所认为的幸福真的是我们想要的幸福吗？遗憾的是很多情况下，我们都无法判断"我"所认为的幸福，在多大程度上是"我"作为一个独立主体的认识，抑或仅仅是他人灌输给"我"的认识。而这种灌输，自我们接受教育的那一刻起就已经开始了。

　　不论教育呈现为何种形式，它总是承载着人们对幸福的某种认识，因为幸福本身就是教育的追求。然而，在界定幸福的过程中，人们却不可避免地以自我（教育者）为参照，有意或无意间便忽视了受教育者（作为一个幸福主体）的幸福追求。受教育者不只是学校中的一个学习者，他/她还是家庭和社会的一个成员。如果我们主张教育是为了学生的幸福，那么就不能忽略环境的交互影响。受教育者在幸福问题上已经接受了怎样的灌输？他/她所持有的幸福观念是什么？他/她的幸福观念与实在之间是否存在差距？造成这种差距的原因是什么？这些又集中反映了教育的什么问题？回答这些问题，必须首先实现从教育者的幸福视野向受教育者视界的转换。为此，本研究借鉴了社会控制论和心理学主观幸福感的研究方法，将学生视为一个自组织的个体心理系统，通过问卷调查和学生访谈，对上述问题做了细致的社会文化分析。

接下来的章节首先介绍了研究的背景及问题，并详细阐述了本研究的研究理论与方法。第三章编制了"实验性示范性高中高三学生主观幸福感量表"，并提出了学生主观幸福感的构想模型。研究结果显示，学习压力对学生主观幸福感的直接影响较低，相反，同伴关系、自我满意感以及生活意义感对学生的主观幸福感都具有显著的正向影响。学生主观幸福感属于中等略偏下水平，并存在着明显的性别和学校差异。第四章在学生访谈（包括部分教师和家长）的基础上对量化研究结果进行了深入的分析。分析发现学生普遍没有形成积极且相对稳定的自我意识，在生活上更多地表现出一种依赖型的幸福，而学校并没有构成学生幸福观念的重要输入系统。第五章详细比较了两所样本学校的课程文化课，发现学生主观幸福感的学校差异主要是来自于学校在本区内所属的地位差异而非其课程文化。第六章对学生主观幸福感的性别差异进行了分析，结果表明性别刻板印象是导致男生的幸福感得分明显低于女生的根本原因。因为在传统文化中，男性是处于掌控地位的，但在学校现实中学生的自我掌控感却是普遍缺失的。

第七章总结了量化研究和质性研究的结果，并探讨了本研究结果对教育与幸福问题的几点启示。（1）学校要成为学生幸福观念的重要输入系统，就必须与家庭和社区形成平等参与和协调制衡的协作关系，努力为学生创造一个连续而有效的教育环境。（2）学校教育要帮助学生形成积极且相对稳定的自我意识，首先必须转变对学习的传统认识，更多地强调学生作为积极主动的学习主体的一面，尊重学生的学习兴趣。（3）认知不能代替情感体验，幸福需要一定频度、广度和深度的体验，而这不是仅仅在课堂上所能传授的。

第八章是对"教育"与"幸福"之间辩证关系的思考。通过分析学校教育在促进人的幸福方面的局限性，指出谈论教育与幸福必须秉承"大教育"的观念，强调家庭与社会的参与。同时认为学校教育欲促进人的幸福，必须转变学校教育的唯智主义课程文化，以学生自我意识的发展与完善作为学校课程文化的核心价值，并在承认社会幸福和个体幸福多样性的基础之上，将其终极目的应指向人类幸福。

关键词　幸福　教育　主观幸福感　社会控制论　实验性示范性高中

Happiness and Education in Sociocybernetic Approach

——A Case Study of Shanghai Model Senior High Schools

ABSTRACT

French writer N. Chamfort once said, "Happiness is not that easy. She's hard to seek from ourselves and even harder from elsewhere." Happiness is such a subjective feeling that the happiness of the others is forever indirect to us. It might be for this privateness of happiness that people tend to judge happiness in self-reference. If material well-being is what one believes in, wealthy people will be the happiest people in his/her eye; whereas if it is idleness, people who are painstaking will be the least happy persons in the world. Yet, is what we believe to be happiness real happiness? Unfortunately, people cann't decide in many cases at all to what extent the happiness "I" believe in is a perspective of my own as an independent being or just an understanding that "I" have been taught ever since "I" began my education.

Indeed, no matter education shows itself in whatever forms, it always carries with itself some understandings of happiness, for happiness itself is one of the pursuits of education. So we try all the time to define happiness in education, in which process however the educated supposed to be happy is disappeared with the inevitable self-reference of our own as educators. The educated are not only students at school, but also members of the family and society, So the influence of his/her environment should not be neglected. What has he/she been infused? How do the educated understand happiness? Are there any gaps between his/her expectations and reality? If there are, what is the reason? What are the problems thus reflected in education? How can school education improve his/her happiness instead of lying in the way? To answer these questions, a shift of viewpoint is needed. Therefore, the methods of sociocybernetics and SWB (subjective well-being) are used here to view students as self-organized psychological systems, so that a social and cultural analysis of the questions put forward above is made via questionnaires and interviews.

In the chapters that follow, a brief introduction of the research questions and background is made first, and the research theory and methods are expatiated on. The scale and hypothesized model of the subjective well-being of Model Senior High School Third-Year Students were developed in Chapter 3, with the influential factors of students' SWB being discussed. The results demonstrated that companionship, self—satisfaction and meaning in life contributed significant variances to the predictions of students' SWB over and above that of study pressure. Gender and school differences in students' SWB were obvious, whereas the level of students' SWB was not as low as commonly believed. Chapter 4 analyzes in depth the results of quantitative research based on the interviews with the sample students, including some teachers and parents. The results indicated that students had not in general developed relatively steady and positive self-consciousness so as to enjoy a much dependent happiness. School education, however, did not constitute an important input system in students' understanding of happiness. Chapter 5 compares the curriculum cultures of two sample schools and finds that school differences in students' SWB resulted much more from the different status of the two schools in their respective district than from their curriculum cultures. Chapter 6 focuses on the gender differences. Results show that gender stereotype contributed substantially and negatively to the subjective well-being of male students as they felt being controlled in reality while males are supposed to be of control in traditional culture.

Research findings are summarized in Chapter 7. Inspirations of the study are revealed as in the following: (1) School has to coordinate with family and society so as to create a continuous and thus effective educational environment for students, if it is going to be an important input system of the students' understanding of happiness. (2) To help students develop positive and relatively steady self-consciousness, school education has to change its traditional understanding of study itself and emphasize the aspect of students as active and positive learners while respecting their study interests. (3) Cognition can't take the place of emotional experiences. Happiness needs an experience of certain scope, depth and frequency which can't be taught just in the class.

Chapter 8 is the reflection on the dialectic relationship between education and happiness with the limitation of school education in the promotion of happiness discussed. To talk about "education and happiness", an education in a broad sense must be had in mind. School education therefore should shift from traditional curriculum value on intellect to the cultivation of self-consciousness to coordinate with family and society, and take the happiness of human being as its ultimate aim of education while respecting the diversity of social and individual happiness.

Key words: happiness, education, subjective well-being, sociocybernetics, model senior high school

目　　录

序

　　教育发展需要有合理地从政府到学校的规划和制度安排，关键是这种安排是否能够兼顾到教与学两方面。然而，我们究竟在多大程度上考虑过学生的学习状态及其学习感受？这实际上关系到从学而教该如何体现教学关系的本质特征。

　　田若飞的研究正是出于这样一种思考，从教育与幸福追求关系角度，进行了基于十余所高中的实证研究。从一开始，这项研究就注定是一个艰难而复杂的过程。这不仅要面对学校、教师与学生的种种疑虑，还涉及通过量化研究和通过大量观察及访谈的质性研究的困难。而且，在现实中，有些不言而喻的事实，人们却往往不愿直面。但田若飞做到了，她以其学术的良心和对教育的热诚，以坚韧不拔的毅力和强烈的学术责任感，使这经常流于概念到概念的讨论话题，建立在坚实的实证基础上，作出了深入探讨，提出了一些发人深省的研究见解。

　　幸福的实现，无外乎外界幸福观念的输入，以及个体幸福观念的形成和幸福的体验。而从社会控制理论研究认为，个体是一个由理性判断（认知）系统和情感系统组成的心理系统，而个体幸福就是个体情感系统的相对平衡。在她对学生幸福观念和现状进行分析的过程中，发现学生个体情感系统实际上处于一个极不平衡的状态上。如果说社会文化环境主要为学生输入了人际和谐的幸福观念，社会变迁和父母态度主要为学生输入了物质满足的幸福观念。但是由于学校教育片面关注学习，对学生在成长过程中遇到的各种压力和成长的烦恼疏于引导，学校教育并没有构成学生幸福观念的重要输入系统，反而对学生幸福观念的形成产生了一定的负面影响。

有趣的是，在她对学生幸福现状的分析中发现，高三学习压力对学生幸福感的直接影响并不像我们通常想象得那么大，反而是较小的。因为一方面压力是自己的选择，对高三的学习生活也有所了解和准备，另一方面则是由于长期处于压力之中，多少已经"适应"了，而且大家都彼此彼此，在心理上比较平衡。但是，我们必须注意到，高三学习压力间接地造成了学生自我掌控感的缺失和心理上的孤独感。而且对智力综合成绩的偏重压制了学生对自身兴趣特长的探索与发展，导致学生自我同一性的混乱。多数受访学生不能肯定自己，也不了解自己真正的需要到底是什么。

更有意义的是，她在研究中发现，学生认为高三生活幸福感，其实体现了一种依赖型的幸福：在物质生活上有父母的满足，在学习生活上有学校和老师的安排，在心理上有同辈群体之间的"同病相怜"。学生在总体上，自我同一性发展缓慢，尚未形成成熟的自我意识。他们中的大多数对自己、对生活、对世界的认识完全依赖于外部环境的信息输入，对接收的信息缺乏充分的内省，因而也就没有自身特殊性的注入，对自我以及自我与外界的关系没有形成积极而稳定的认识。因此，这种幸福是短暂的，当依赖不再存在的时候，幸福感也将随之消逝。

长期以来，由于人们对学习的认识过于狭隘，导致了学校在学习上的绝对权威主义，我教什么你学什么，我怎么教你怎么学。当学习不再是出于个人的兴趣，它便蜕变成了一种达到目的的手段。这些都来自于深刻的学考矛盾。普遍存在"教"决定"学"的教育权威主义，致使学生感到既无法跟着自己的兴趣走，又无法全身心地投入到应试当中。那么学校教育为什么会一味地偏重于认知输入呢？她认为，其根本性的原因还是在于长期以来对于"人"缺乏一个全面的认识。一个教育对"人"的看法，决定着其对"学习"的看法，及其所采用的教育方式。当"人"被看做是一个消极的客体、需要外界不断地信息输入来掌握学习的时候，重复性灌输和训练便成为了首选的教育方式。甚至在高三阶段砍掉了不否认或所有与考试无关的课程和校园活动。

于是，她强调："学生是一个自组织的行为者系统，他/她不是外在于学习的消极的配合者，而是置身于整个学习过程之中，积极主动地观察着、反思着的参与者。如果不能充分地意识到这一点，那么学生作为一个独立的个体心理系统，在学校教育中就是永远不存在的，他们就会被概化为标准化的数字，而这个数字什么也不代表，它只是告诉人们学生对信息的接收程度，不论这种接收是主动的还是被动的。"

如果我们真诚地希望教育改革和发展能够健康地进行，如果我们希望所有的改革是符合学生发展的真正需要，如果我们希望教育的发展是为了学生的幸福并造福于未来的社会，那么这本书也许值得引起每一位参与其中的教育理论者、管理者和实践者认真思考。

丁　钢
于丽娃河畔

第一章　研究背景及综述

第一节　"教育与幸福"研究的现实意义

一、从"以经济建设为中心"到"构建社会主义和谐社会"

（一）收入与幸福的经济学悖论

在经济学中，幸福（Happiness）被定义为效用（Utility）。现代经济学理论假定个人的效用只是依赖于他/她自己的消费，并由此得出一个基本结论，即收入的增加能够使消费者获得更高的效用，而消费者对个人利益的追求反过来又会增加社会福利。基于上述理论假定，收入水平的高低一直被视做衡量福利水平的一个重要指标，所有提高社会福利和减少贫困的经济政策，最后都将归结于经济的长期增长，[1]于是，便产生了国内生产总值GDP（全称Gross Domestic Products）这个衡量国家经济发展和富裕程度的重要指标。在整个20世纪的经济发展历程中，"GDP就像一把尺子、一面镜子，成为我们进行国与国之间经济实力对比的参照尺度。"[2]然而，大量关于幸福的研究却表明，GDP的增长并不像经济理论中所期望的那样，是人类幸福永恒的源泉，一旦人的基本需求得到了满足，额外的收入对提高个体的生活满意度影响甚微，这便是经济学上收入与幸福的伊斯特林（Esterlin）悖论①。

1995 年 3 月，社会发展问题世界首脑会议在丹麦首都哥本哈根召开，会议通过了以人为中心的《社会发展问题哥本哈根宣言》以及《行动纲领》，标志着人类文明发展史的一个转折点。以经济发展和财富积累为中心的社会发展战略，至少在形式上已经告一个段落。2000 年 9 月，联合国再次召开社会首脑会议，明确提出了以发展和消除贫困为主要内容的八大新千年发展目标。2002 年 8 月到 9 月，联合国又通过了《约翰内斯堡可持续发展宣言》，承诺要建立一个崇尚人性，公平和相互关怀的全球社会。同年，瑞典皇家科学院将 2002 年度诺贝尔经济学奖颁给了普林斯顿大学心理学教授丹尼尔·卡尼曼（Daniel Khneman）。随着丹尼尔教授幸福学（Hedonomics）概念的提出，国民幸福指数 GNH（全称 Gross National Happiness）作为人们主观心理体验的量化，成为考察经济发展方向的指标，与考察经济发展速度的 GDP 指标相对应，被用来共同评价和预测社会发展状况。

（二）幸福感调查在国内的主要发现

中国自改革开放以来，经过 30 多年的飞速发展，经济总量已经跃居世界前列，取得了举世瞩目的成就。毋庸置疑，改革开放加速了经济增长与社会发展，改善了人民的生活。但急剧的社会变化所带来的阵痛，也使整个社会的转型付出了应有的代价，剧烈的变革带来了诸多社会问题：城乡居民中隐性失业现象日益显性化，社会分化趋势加剧，城乡犯罪率及干部职务犯罪率升高，社会不安因素增加，环境污染与生态破坏等社会公害严重。[3]在这样一个时代背景下，如何能在继续发展经济的同时提高国民幸福，是个值得深思的问题。

荷兰伊拉斯姆斯（Erasmus）大学的范·荷文（Ruut Veenhoven）教授自 20 世纪 90 年代开始，对中国进行了三次幸福指数的历时调查，结果

---

① 美国经济学家伊斯特林（Esterlin）是最早对主观快乐进行分析研究的当代经济学家。他在1974 年发表的《经济增长可以在多大程度上提高人们的快乐》中提出了所谓的伊斯特林悖论，即经济增长不一定导致快乐增加。

表明中国 1990 年国民幸福指数为 6.64，1995 年上升到 7.08，但在 2001 年却下降到 6.60。[1]中国社会科学院的一项调查也显示：2005 年，72.7% 的城乡居民感觉生活是幸福的，比上年下降了 5 个百分点。[4]周长城等人对北京、上海、广州三所城市居民主观生活质量的调查则发现，当人均 GDP 在 3000 美元以下时，生活质量指数与人均 GDP 的联系还比较紧密，而在 3000 美元以上时这种关系就非常脆弱了。[5]此外，在 2006 年 3 月中欧国际工商学院公布的《2005 年中国城市及生活幸福度调查报告》中，杭州和成都一举超过了经济更为发达的上海、北京和广州，站在了被调查的十大城市总体幸福度排行榜的最前列，而经济发达的广州和北京却分别名列倒数第一和第四。[1]所有这些数据都表明，在美国、英国、日本等很多发达国家出现的伊斯特林（Easterlin）悖论同样开始适用于中国了。

（三）和谐社会与人的幸福

鉴于上述社会发展的悖论，党的十六届三中全会于 2003 年 10 月通过了《中共中央关于完善社会主义市场经济体制若干问题的决定》，提出要"坚持以人为本，树立全面、协调、可持续的发展观，促进经济社会和人的全面发展"。把"以人为本"作为科学发展观的本质和核心，表明中国政府已经充分意识到，社会发展和谐与否不能仅仅看经济的增长，而更应该关注社会总体幸福感的增加。

2004 年中共中央召开第十六届四次会议，全面分析了当前的形势和任务，通过了《中共中央关于加强党的执政能力建设的决定》，提出构建社会主义和谐社会的理论。同年，胡锦涛同志发表重要讲话指出，根据马克思主义基本原理和我国社会主义建设的实践经验，以及 21 世纪新阶段我国经济社会发展的新要求和我国社会出现的新趋势新特点，我们所要建设的社会主义和谐社会，应该是民主法治、公平正义、诚信友爱、充满活力、安定有序、人与自然和谐相处的社会。教育与幸福的问题正是在这样一个大的社会背景下凸显出来的。

二、关于学校教育的一组调查

中国社会历来都有重视教育的优良传统，不但国家将其视为立国之本，民众更是将其视为实现自身幸福的最基本途径。然而，近年来的一组调查数据却显示，学校教育让人们感到了诸多不满。2005 年 11 月至 12 月，21 世纪教育科学研究院联合搜狐网站进行了一次教育满意度问卷调查。[6]结果显示，公众对学校教育的总体情况处于低满意度状态，公众的教育期望和教育现实之间存在巨大落差。数据显示，76.2% 的公众认为中小学生负担很重或比较重。其中，中学生满意度（34.72 分）明显低于平均值（39.15 分）。另外，有 72.9% 的公众不认为"学生在接受学校教育时感到愉快"。对教育质量满意度的调查显示，公众对学生综合素质的满意度较低，64.5% 的公众表示对当前学生的综合素质甚为不满，其中教师对此的评价最低。

2006 年 11 月，21 世纪教育科学研究院联合搜狐网站，再次进行了教育满意度问卷调查。[7]调查结果表明，公众对教育的总体满意度仍然较低，对教育的评价介于一般到不满意之间，并更趋近于不满意。75.43% 的公众不满意中小学推行素质教育的成效。74.53% 的公众不满意中小学生的课业负担和健康状况，高满意度群体比例比前一年下降了一半，满意度得分（1.84 分）也较前一年（换算为 1.96 分）有所下降。不满中小学课业负担的情绪呈现上升趋势。

中小学课业负担不仅体现为作业时间超标，还体现为学习压力过大①，其直接的后果就是青少年身体素质的下降和心理问题的低龄化。2006 年，中国科学院心理研究所发布了《2005 年国内五城市未成年人发展联合调查中学阶段青少年发展状况报告》，调查涉及北京、上海、广州、昆明、汕头等城市 5875 名初一到高二中学生，发现中学生的视力水平、身体素质、学习动机和情绪兴趣等多方面表现随年级的升高而有所降低。[8]中国青少年研究中心少儿所对 10 个城市 5000 多名中小学生进行"睡眠状况调查"表明，超过 1/10 的小学生和 1/3 的中学生正在遭受睡眠不足的隐性伤害。[9]此外，中小学生心理问题低龄化也开始有所显现。

---

① 2005 年 9 月，中国青少年研究中心在北京、上海、广东、云南、甘肃和河南六个省市进行了"中小学生学习和生活的现状与期望调查"。调查显示，2005 年中小学生作业时间超标要远远高于 1999 年，除了作业以外，平均有 86.4% 的中小学生每天都有做或有时候做课外练习题。调查还发现，近六成学生因为学习问题烦恼。"学习压力大"成为占据中小学生烦恼的首位。参见：中国青少年研究中心. 中小学生学习和生活的现状与期望调查［R］//杨东平. 2005 年：中国教育发展报告（教育蓝皮书）. 北京：社会科学文献出版社，2006：362.

北京大学儿童青少年卫生研究所对 11 所有代表性的重点、普通和职业中学初一到高二年级的 4622 名学生进行的调查发现，特别想自杀的中学生占 17.4%，有过自杀计划的中学生约占 4.9%。[10]

伴随学生课业负担问题，教师职业倦怠也凸显出来。2005 年 8 月至 9 月，中国人民大学公共管理学院与人力资源研究所联合新浪网，进行了"中国教师职业压力和心理健康调查"[11]。结果表明，38.50% 的被调查教师心理健康状况不佳，绝大部分被调查教师有轻微的工作倦怠，或者说出现了一定程度的工作倦怠，而有 29% 的被调查教师则出现比较严重的工作倦怠。对一些主要省、自治区与直辖市的调查结果表明，江苏、上海和山西等地有更大比例的教师反映压力较大。以上各组数据表明，课业负担所带来的学生综合素质问题、身心健康问题、教师职业倦怠问题和民众对教育的低满意度，正在构成和谐社会的不和谐因子。

三、"教育与幸福"研究的现实意义

（一）教育关注幸福是"以人为本"科学发展观的客观要求

教育作为社会重要的基础系统，与社会改革相辅相成。[12]纵观改革开放 30 年以来教育改革与发展的历程，其所秉承的教育价值观念显然与整个社会的变革是息息相关的。20 世纪 80 年代社会主义现代化建设的新时期，邓小平同志十分重视培养社会主义新人和提高全民族的素质，提出教育的目标是培养有理想、有道德、有文化、有纪律的社会主义"四有"新人。[13]90 年代，中国经济由计划经济向市场经济稳步转变。1995 年，全国人大八届三次会议通过了《中华人民共和国教育法》，明确规定了我国教育的性质与目的，即教育必须为社会主义现代化建设服务，必须与生产劳动相结合，培养德、智、体等方面发展的社会主义事业的建设者和接班人。① 从"四有"新人到"德智体全面发展"的社会主义接班人，"人本位"教育价值观念已初露端倪。然而，在一切以 GDP 为衡量标准的 20 世纪世界发展图式中，人被简化成为没有生命的经济人，教育本身也蜕变成为谋求经济发展的工具，从而抑制了"人本位"教育价值观念的发展。

---

① 《中华人民共和国教育法》第五条。

进入 21 世纪以来，随着世界范围内社会发展战略的人本主义转向，幸福问题越来越引起国内哲学、伦理学、社会学、心理学、经济学等学科领域的兴趣和关注；"幸福感""幸福指数"等新术语日益成为社会政策取向的参照、日常生活的评价指标和平民百姓津津乐道的话题。国家社会发展观念的转变，特别是"以人为本"科学发展观以及构建和谐社会理论的提出，迫使教育必须摒弃将人简化为"数字人"的传统观念，正确处理人与自然、人与社会、人与自我之间的关系，在个人发展与社会发展之间寻求某种平衡。对此，国内教育基本理论界理应作出回应，而理清教育与幸福的关系则是理论研究所要梳理的首要问题。

（二）理清教育与幸福的关系是教育持续健康发展的迫切需要

"人本位"教育价值观念的回归意味着幸福作为人的根本追求是教育所不能无视的。基础教育经过十几年的改革探索，取得的成绩是有目共睹的。课程和考试改革在国家大力推行下有序地展开，各地教育实验方兴未艾。教育理论界也从不同的角度进行反思与探讨，从成功教育到愉快教育再到生命教育，从教师专业发展到校本研发，各种教育理论与实践在一定的教育阶段（主要是小学教育）和个别地域中取得了可喜的成果。然而，正如上面一组关于教育的调查所显现的，中小学课业负担作为我国当前教育存在的一个主要矛盾久禁不止，公众满意度、学生和教师幸福感持续低迷，基础教育改革之路依然任重道远。

一个健康可持续发展的教育应兼顾"人本位"教育价值观念和"社会本位"教育价值观念，[14] 基础教育中幸福的普遍失落集中反映了当代教育中"人本位"教育价值观念的缺失。人本主义教育倡导者卢梭在谈到青少年的教育时曾指出，"人的智慧是有限的，对于一个孩子的教育关键不在于他学了多少知识，而在于他所学的知识是否真正有益于人的幸福"[15]。那么，什么是幸福，什么知识真正有益于人的幸福，这些知识在多大程度上有益于社会的和谐发展，这种知识是否可教，教育是否应当以幸福为其目的，教育的过程是否应强调幸福，对这些问题的梳理无疑是教育持续健康发展的迫切需要。

第二节 国内外"教育与幸福"研究综述

西方对幸福的研究兴起于 20 世纪 70 年代，在 30 多年的发展历程中积累了大量的量化研究成果，并逐渐将研究深入到政策和实践的层面。2007 年 4 月，OECD 欧洲委员会合作研究中心、经济与国际研究中心以及意大利银行，在罗马联合主办了以"幸福是否可以测量以及如何将这些测量手段应用于公共政策"为主要议题的国际会议。同年 6 月，国际发展福祉会议在英国的巴斯大学召开，其中一个议题就是"幸福与发展政策及实践"。相比之下，国内的幸福研究则起步较晚且不够深入。

一、对幸福的实证研究

西方学术界对幸福的实证研究，可追溯至 20 世纪后半叶的生活质量运动与积极心理学研究，后者于 90 年代逐渐形成三大研究领域：积极情绪研究，主要以主观幸福感为中心，着重研究人针对过去、现在和将来的积极情感体验的特征及产生机制；积极人格研究，主要制定积极人格的分类，并与其他机构合作，积极参与教育教学的评估；积极社会制度研究，主要围绕正义和公平，研究政府应承担的社会责任。[16]4-9 其中，主观幸福感的实证研究为西方教育理论和实践积累了丰厚的研究基础，而西方学者在讨论教育与幸福问题时，几乎没有人能够绕过主观幸福感研究。国内主观幸福感研究，虽然近年来在心理学领域已经开展了一定的研究，但其成果还尚未构成教育与幸福研究的坚实基础。

（一）受教育程度对主观幸福影响较小

心理学领域对教育与主观幸福的研究主要针对受教育程度与幸福之间的关系。研究表明，正像大多数外在因素一样，受教育程度对主观幸福有影响但很小。坎贝尔（Campell）发现，对于低收入人群来讲，教育程度与主观幸福的关系较密切。[17]迪纳（Diener）等人的研究在一定程度上支持了这一结论，认为这一结论的部分原因可能是由于教育程度对主观幸福的影响是通过收入和职业地位间接产生的[18]。威特（Witter）等人通过多元分析发现教育程度对主观幸福具有很小但很积极的影响，并且主要通过职业地位产生。[19]克拉克和奥斯瓦尔德（Clark and Oswald）的研究则表明，教育程度较高人群失业的时候比教育程度较低人群更沮丧，并指出教育程度如果导向不能实现的期望，也可能会给主观幸福带来负面的影响。[20]相反，杨雄等人对上海闸北区失业或待业青年的调查却发现，受教育程度高的青年对自己生活的满意度要高于受教育程度低的青年。同样，感觉生活空虚和单调的青年中，受教育程度高的人明显低于受教育程度低的人。[21]我国学者刘仁刚也发现教育程度有独立的降低负性情感的作用，教育程度较高的老年人群负性情感较低。[22]可见，由于经济发展程度的不同，受教育程度对主观幸福的影响在国内仍然是一个重要的影响因素。

（二）不同文化视域下的主观幸福存在显著差异

主观幸福研究对幸福背后文化因素的关注，主要受社会心理学和跨文化心理学研究的影响。最初，研究人员只是做简单的生活满意度和幸福感国别比较。接下来，他们开始质疑，针对不同文化、测量的效度问题，并且开始追问造成不同社会主观幸福差异的原因，以及个体作为不止一个文化传统的载体，其主观幸福的形成机制。[17]跨文化主观幸福研究主要进行的是个人主义社会与集体主义社会、文化同质与文化异质社会之间主观幸福相关因素的比较。如 Suh① 等人发现情感平衡（affect balance）与社会满意度的关系在个人主义倾向的社会里较强，而且情绪和规范对社会满意度的预测也较高。原因可能是在集体主义倾向的社会里，个人的情感更多地服从于社会责任，而且从众的心理也会迫使人们接受规范。[23]

2004 年，世界价值研究机构（the World Values Survey，WVS）对世界 82 个国家进行国民幸福调查发现，10 个拉丁美洲国家的幸福指数除了秘鲁以外都处于高水平或中等偏上水平，其中波多黎各和墨西哥在 82 个国家中排名分别占据了第一名、第二名。相比之下，亚洲国家的幸福指数整体偏低，除了新加坡（排名 24）属于中上水平以外，日本（排名 42）、中国（排名 48 名）、韩国（排名 49）均处于中等略偏下水平。[2]大量研

———————
① 韩文的英文译名，全名 Eunbook Mark Suh，韩国延世大学（Yonsei University）人格心理学副教授。

究表明东亚人的主观幸福感虽然很少低于中线，但与拉丁美洲和西欧人相比则水平较低。[24] Schimmack① 等人认为东亚人对快乐与不快乐的中庸态度可能是根源于亚洲哲学（如佛教与道教）中的辩证思维，而欧洲人和拉丁美洲人更倾向于快乐的情感。[24]

中国学者何敏贤认为西方学者对快乐的定义和测量方法未必适合中国人，并且通过《易经》的兑卦来探讨快乐在中国文化中的意义，指出一种"独乐乐不如众乐乐"的"他向的快乐"的主观幸福纬度是西方研究者较少关注的，而这种"他向的快乐"部分地解释了为什么中国人较少注重自己的主观幸福（其他至亲的幸福更重要），但主观幸福感又并不低（因为其他至亲的确幸福）。[25] 邢占军通过实证研究也指出，采用埃德·迪纳（Ed Diener）和卡罗尔·里夫（Carol Ryff）制定的测量量表对中国城市居民进行测试，尽管所考察的几种量表效度指数均达到了非常显著的水平，但离心理测量所要求的一般效度标准仍有相当距离。因此他认为，编制一套适用于我国居民的主观幸福感量表是很有必要的，并从理论和实证方面对中国城市居民主观幸福感测量指标体系进行初步构建，为中国城市居民主观幸福感量表项目的搜集和编写提供了初步的框架和依据[26]53-54。

以上研究表明，不同文化视域下人们对幸福的认识与感知是存在一定差异的。对教育与幸福问题的考虑，必须从自身的文化出发。

（三）　人格是影响主观幸福的一个重要因素

在国内外主观幸福感相关因素的研究中，人格被认为是最重要的影响因素。[27] 科斯塔和麦克雷（Costa & McCrae）认为人格特质是影响主观幸福感的重要因素，不同的人格特质会导致不同的积极情感、消极情感及生活满意度。[28] 德内夫和库珀（Deneve & Cooper）在研究"大五"人格与幸福感的关系时，发现宜人性与主观幸福感呈正相关，[29] 部分地印证了科斯塔（Costa）等人的研究。里夫（Ryff）等人的相关研究进一步发现外倾、责任感和低神经过敏症与幸福的自我接受、控制性和生活目标相连

---

① 德文的英文译名，全名 Ulrich Schimmack，加拿大多伦多大学（University of Toronto）人格心理学副教授。

系，开放性与个人成长相联系，宜人性、外倾与积极的人际关系相关联，低神经过敏症与自主也有相关。[30]

中国学者张兴贵等人也发现"大五"人格与主观幸福感关系密切，但是与德内夫（Deneve）等人的研究结果不同的是，他们发现宜人性与主观幸福感没有显著关系，相反，神经质和外倾却对主观幸福感有较强的直接预测力，而开放性和严谨性则通过神经质或外倾，对主观幸福感存在着间接效应。[31]这一研究部分地印证了夏俊丽针对高中生的研究，即人格特质是高中学生主观幸福感的有效预测量变，神经质与高中学生主观幸福感呈负相关的关系；外倾与高中学生主观幸福感呈正相关的关系。[32]但是，除了在宜人性与主观幸福感的关系上国内外研究有所差异以外，大多数研究仍然支持外倾和神经质提供了人格和主观幸福感之间主要联系的结论。

（四）幸福是"自我—社会"关系的平衡

迪纳（Diener）等人指出社会心理学与幸福研究的关系对大多数读者来说可能是较陌生的，但是社会心理学研究的确在许多领域对幸福研究有着潜在的影响。除了证明文化对幸福具有深远的影响外，迪纳（Diener）等人认为社会心理学研究给幸福研究带来的启示至少还包括以下三方面：人对生活有无限的适应能力，幸福是过程而不是目标；亲密的社会关系与有力的社会支持比物质繁荣更加重要；消极刺激比积极刺激的影响更强大。[33]

中国学者李维还尝试将主观幸福的调适策略与风险社会出现的特定心理问题结合起来，认为根据社会心理学的意义采择说（Meaning-making theory），人们在风险社会里对其个体环境、生活境遇和需求愿望有一个采择和理解的过程，并由此建构自身的生活风格。当个体对"自我—社会"的关系感到平衡（采择了平衡的意义）时，他们就会按照这一意义去理解和处理生活，从而使他们的主观幸福在一个相对的时间和空间里处于静态状态；而当个体采择了失衡的意义时，就会使其主观幸福在一个相对的时间和空间里处于动态状态并容易出现社会心理应激、行为应对失调和生活观念错距（有些观念先进，有些观念滞后）等心理问题。[34]

社会心理学领域的幸福研究对"教育与幸福"研究具有深远的意义。

"幸福是过程而不是目标"的启示为教育过程的幸福提供了最有力的诠释，而幸福的社会资本理论以及意义采择说，则间接地回答了"什么知识才是真正有益于人的幸福的"这样一个问题。

二、对教育与幸福的理论探索

（一）对"教育"和"幸福"的概念界定

教育是一个实践性极强的社会活动领域，而幸福却是一个颇具抽象性的概念。探讨二者之间的关系，无疑需要首先界定"教育"和"幸福"这两个核心概念。就"教育"的概念而言，有广义和狭义之分。广义的教育是有意识的以影响人的身心发展为目标的社会活动，[35]10狭义的教育即为学校教育。从相关文献中看，国内学者在使用"教育"这个概念时，更多将其约定成俗地理解为"学校教育"，但加拿大北英属哥伦比亚大学的亚力克斯·米哈洛斯（Alex C. Michalos）却认为，如果将"教育"仅仅定义为"学校教育"，"幸福"定义为"生活满意"，"影响"定义为"积极影响"，那么教育对幸福的影响将会是十分有限的。[36]和亚力克斯（Alex）一样，许多西方学者在讨论"教育与幸福"时，也多秉承一种"大教育"的观念，强调学校以外其他教育形式对个体幸福的影响。尼尔·辛（Neil Thin）就指出，教育不等同于上学，其他形式的教育作为学校的补充和替代是必要的。[37]

中西学者对广义教育与狭义教育的不同侧重，体现了两种相反的研究理路。如前所述，西方学术界对"教育与幸福"的研究是建立在社会学、社会心理学和心理学的幸福研究基础之上，其研究理路是由社会反观教育的——"大量的社会研究表明，人们的生活富裕了，但人们并未因此而感到更加幸福。相反，整个社会出现了一种持续的士气低迷。那么，应该怎样教育青少年，使他们在高度的物质繁荣中，仍能够找到生活的意义，幸福地生活下去？"西方学者对这一问题的思考显然已经超越了教育学的范畴，成为一个社会性的问题。因此，参与"教育与幸福"理论探索的西方学者有社会学家、社会心理学家、心理学家，也有教育家。国内的情况则有所不同，由于社会发展状况的不同，国内对"教育与幸福"的研究几乎是与心理学、社会心理学和社会学领域的幸福研究同步展开的，而进行理论探讨的又多局限于教育学界。因此，国内的相关研究与其说是建立在广泛幸福研究基础之上的理论探索，不如说更像是一种学科内部的反思，其研究理路是从学校教育本身的问题出发来思考社会的——幸福在学校教育中普遍地失落，人们不禁要问"这样的学校教育如何培育出和谐社会的幸福因子"。然而，幸福显然不只是学校的事，就人的幸福而言，学校教育能够做什么，不能够做什么，的确是一个值得考究的问题。

同样，受不同文化的影响，中西学者在界定"教育"这个概念时的差异性也体现于对"幸福"的理解上。西方学者在讨论"幸福"时通常直指个体，比如积极心理学的发起人与领军人塞利格曼认为，幸福的生活包括三个方面，即快乐的生活、投入的生活和有意义的生活。[38]而美国教育哲学家诺丁斯则明确指出幸福来自于个体生活，[39]95个人的生活幸福与职业生活幸福是学校教育所不容忽视的。[39]85当然，从个体出发并不意味着排斥"利他"，因为"利他"反过来也是"利己"。但是，这个在西方学者看来理所当然的逻辑，在国内学者这里就难免要费一些口舌了。因为在中国的社会传统中，对个体幸福的强调始终都不是其主流文化，只是随着社会的发展，对个体幸福追求的正当性才开始日益获得广泛的认可。于是，一种融合个体本位幸福与社会本位幸福的努力便跃然纸上。檀传宝认为幸福是感性主义和理性主义的交会点，是个体本位与社会本位的融通区，对幸福的追求与道德生活、道德教育息息相关。[40]刘次林进一步指出幸福既是心理的，也是伦理的。[41]36-37主观感受决定一个人是否有幸福，而伦理规范则决定一个人的幸福是否正当。

（二）幸福是否构成教育的目的

"幸福是否构成教育的目的"，这是一个颇具争议的问题。人们对幸福的理解如此多样化，以幸福作为教育的目的，对于教育这样一个实践性极强的活动领域，如何在幸福的界定上达成一致并付诸实践显然是一个不得不思考的难题。正如吴全华所指出的，以幸福为目的会导致众多矢量作用于教育，最终因离心力过大而弱化了教育的目的性动力。[42]因此，有学者认为教育作为有意识、有组织的活动必然有其自身的目的，幸福不是教育的目的，但是"既然幸福是人类社会和个体一切活动的终极价值，而教育又是这'一切活动'中的一种，而且是极其重要的一种，那么当然要以追求幸福为其终极价值"[43]，所以教育的目的必须指向人生的终极目的——幸福。[42-44] 还有学者主张将幸福作为教育的一个具体目标更具有可操作性，比如将个体幸福作为德育的目标，从而使个体的道德发展及人格完善获得最内在、最根本的动力。[45] 史密斯（Smith）也认为当前的教育改革过多地谈论经济增长，以及局限于国家课程标准的学业成就，这是不利于人类的繁荣的，而将幸福置于教育目的讨论的核心，能够使教育的职业和经济的目的回归其应有的位置。[46]

　　然而，在幸福的个体多样性之上，真的就不存在一个普遍认同的幸福吗？幸福真的不能作为教育的目的吗？一些学者显然并不这样认为。刘次林指出教育以幸福为目的既是一种实然的事实存在，也是一种应然的价值追求，它是"个体本位论"和"社会本位论"得以健康统一的价值标准。[41]75-81 刘铁芳也认为，"为了使我们身处形下世界之中而能始终坚守教育的方向，当代教育需要形上的关怀。而对教育的形上关怀就是在任何时候都要意识到，教育的根本指向乃是启迪、培育个体生命存在的尊严与幸福"[47]。而诺丁斯在她的著作《教育与幸福》一书中则强调，教育与幸福具有内在的一致性，好的教育应该为个人与集体的幸福作出贡献，幸福应当成为教育的目的。[39]英文版序1

（三）如何将幸福落在实处

　　不论以幸福为教育的一个具体目标，还是以幸福为教育目的，抑或是教育目的必须服务于幸福，幸福最终是否落在实处还得看教育的过程与结果。教育的结果能否使人获得选择与追求幸福的能力？教育的过程是否需要体验幸福？对这两个问题的回答，学者们的讨论主要围绕着作为教育结果的幸福能力的培养、教育过程中的幸福体验以及教育评价三个方面展开。

1. 幸福能力的培养

　　教育欲关涉人生幸福首先必须培养人的幸福能力，对于这一点中西学者并无异议。那么，什么是幸福能力？扈中平指出幸福能力是以幸福观为引导的，人们发现、捕捉、选择、创造与品味幸福的综合素养，而幸福能力的核心就是幸福观，幸福观是人们对什么是幸福，以及获取幸福的途径等问题的根本性看法和态度，对幸福的方向和强度具有导向和驱动的作用。[43] 然而，教育应当培养怎样的幸福观？又如何进行培养呢？对前者的回答显然与人们对幸福的理解是息息相关的，教育当然要培养健康的、抑或是正确的幸福观，但什么是健康的、正确的幸福观呢？要谋得一个统一的答案并非易事。易凌云认为人的幸福是三个不同层次的客观需求的有机组成，即生理、心理和伦理幸福，前者是后者的基础，后者既包含前者又超越前者。[45]教育的引导作用就在于使个体认识这不同层次需求的客观存在，并帮助他/她找到适当的途径来满足这些需求。那么，如何使个体认识不同层次的幸福呢？有学者认为这需要教师的引导，[41,43]但这似乎又存在着另一个问题，那就是如何保证教师拥有健康、正确的幸福观呢？

也许正是因为对幸福观进行讨论的这种复杂性，西方学者对这个问题几乎少有论及。相反，史密斯（Smith）指出学校教育以幸福为目的不能仅仅是"教幸福"，我们必须超越课堂和直接的教学情境，应该为学生提供其他的机会和经历，比如课外活动和社交机会，并与其他形式的非正式教育（如社区教育）有机地衔接起来。[46]德国学者富尔（Fuhr）认为人们对儿童幸福的认识并不完善，从教育学的角度对幸福进行判断不能仅仅考虑认知因素，还需要考虑情感因素。[48]国际社会学协会社会控制论委员会主席 R. 霍恩尤格教授（Hornung）则直接提出，幸福不是认知的，而是一种情感体验，并且认为幸福是客观需要、信息需要、安全感、自由感、适应感、责任感、自我效能感七种的生存和发展所必需的情感维度的相对平衡①，而教育就是要为学生提供不同广度和深度的情感体验，使他们在实际的体验中把握这种平衡的尺度。[49]斯特凡（Stefaan E. Cuypers）等人也强调情感因素的重要性，但与霍恩尤格（Hornung）教授不同，他们认为对学生幸福能力的培养要抓住关键，即幸福的基本要素——"自主（autonomy）"，主张教育要培养学生做自己愿望与信仰的主人，成为真正的自己。[50]积极心理学的领军人物塞利格曼（Seligman）则强调对学生进行积极人格培养的重要性，在澳大利亚基隆文法学校实施的积极教育项目中，学生的优点被发现和及时鼓励，并被要求在一天结束的时候进行感恩反思，以形成一种积极的人生态度和达观的心情。[51]

2. 教育过程中的幸福体验

易凌云认为关涉人生幸福的教育实际上就是幸福地教学生怎样追求幸福生活，它包含两层含义：一是教育过程本身就应该是师生双方体验幸福

---

① 参见第二章第二节中"社会控制论视角下的幸福"的相关内容。

的过程；二是教育的结果应该是促使师生能够更幸福地生活。[45]尽管有学者认为为了幸福的教育和教育过程本身的幸福是两个概念，目的和结果的幸福不等于过程本身的幸福，[52]但是大多数学者仍然认为教育的过程必须是幸福的，而在这个过程中教师的幸福是不容忽视的，因为"教师的幸福观、幸福品质和幸福能力对孩子具有重要的影响作用"[53]。德国学者希金斯（Higgins）指出就教师的幸福而言，我们必须超越"利他"与"利己"的樊篱来追问这样一个问题，那就是"对他人（儿童）成长的关注是如何滋养着我（教师）自身的成长的"？[54]所以，刘次林认为"对于幸福教育的教师来说，教育不是牺牲，而是享受，不是重复，而是创造，不是谋生的手段，而是生活本身"[55]。只有当以教师为主导的教育活动本身开始回归生活、关怀生命时，学校教育才可能成为儿童生活的乐园，[56]因为只有幸福的人才会懂得去分享幸福。

3. 教育评价及评价主体的多元化

爱丁堡大学的尼尔·辛（Neil Thin）指出，对教育与幸福的研究不能只局限于探讨学校教育是否应该促进人的幸福，而应更多地进行定性研究，为学校如何促进幸福拿出一个可行性的方案来，并且认为当前发达国家的幸福研究必须从教育过程深入到教育评价，使教育评价走出学业成就评价的单一模式，学校对幸福的贡献必须同更广泛的教育手段一起加以评价。[37]易凌云也认为要促进个体幸福，教育评价必须是平等的、发展的、全面的，同时评价的主体也必须是多样的。[45]在改变教学评价、落实幸福教育上，山东省东营市胜利第四小学做了有益的尝试。[53]学校实行了课堂教学质量"飞检"制度，变"期末一次考试成绩定好坏"为"对教学过程的控制与强化"，变"考学生、排名次"为"检验教师的课堂教学"反思教学的过程，把"考孩子"转向了"检测教师教学情况"。但是，这种评价的实际结果及其推广性尚有待于进一步的考证。

教育评价是教育目的的体现，是教育实践的指导，如何通过教育评价将幸福落实到实处是需要大量的实证研究和深入的理论论证的，这一点在国内现有的研究中显然没有受到足够的重视。可见，与国内研究的抽象论证所不同的是，国外学者对"如何实现幸福教育"的探讨似乎更具体一些，更具可操作性，并且在一定程度上超越了学校教育的局限。

本 章 小 结

　　本章论述了研究"教育与幸福"问题的现实意义，细致地梳理了心理学和社会心理学领域关于幸福的实证研究，并对国内外的理论探讨进行了比较分析。受不同文化背景和社会发展状况的影响，西方对教育与幸福的研究显然比国内起步得早、切入得更深，在其广度与深度上都走在我国研究的前面，而西方文化在社会互动中的个人取向，也必然导致西方社会对私人生活领域的幸福研究比国内更加丰富。始于 20 世纪后半叶的生活质量与积极心理学的研究，为主观幸福的测量及其影响因素的分析提供了大量的实证依据。在此基础之上，西方学者已不再满足于仅仅是讨论教育与幸福的关系和简单的量化研究，而是希望通过具体的定性研究探讨如何实现幸福教育，并推动着研究向政策层面深入。当发达国家已经能够确保大多数人的生活及物质追求时，在教育政策上的幸福转向，显然比还在努力保障个人收入和国家经济增长的发展中国家要更具有可行性。相比之下，国内经济还处于发展阶段，对"教育与幸福"的研究只是刚刚起步，对"教育""幸福"这两个核心概念的界定不够宽泛，对幸福的实证研究也相对薄弱，多数研究还仅限于理论探讨，较少关注实证研究。因此，西方学界在幸福问题长期以来积累的大量的实证研究仍然有很多方面值得我们加以吸收与借鉴。

　　心理学和社会心理学领域采用科学的研究方法来测量幸福并分析影响幸福的因素，为长期以来思想史上的思辨研究提供了崭新的视角。心理学的相关研究表明受教育程度与人的主观幸福感关系并不十分密切，说明学校教育本身在促进人的幸福方面存在着自身局限性。因此，谈论教育与幸福问题，不能将教育等同于上学。同时，由于人格是影响主观幸福的一个重要因素，对积极心理学所倡导的积极教育必须给予足够的关注。但是，对内在的人格与目标的培养不能脱离个体的生活环境，因为社会心理学的研究表明人在与其环境的互动中，通过采择和理解不断地建构着自身的生活风格。这意味着幸福是一个过程而不是结果，是随着不同年龄阶段发生变化的而不是一个静止的、永恒不变的状态。教育要关注人的幸福必须尊重人的发展规律，不能以目的窒息过程。

综上所述，国外相关研究对我们的研究启示主要包括以下几点：（1）研究"教育与幸福"问题必须秉承大教育的观念；（2）研究"教育与幸福"问题必须与实证研究相结合，不能只停留于抽象理论层面；（3）幸福本身的多样性与复杂性决定了幸福是一个跨学科的领域。从后者的角度上来看，社会控制论作为一个整体的、问题导向的研究方法，在整合有关幸福研究的各个学科领域，提供一个幸福研究的全景分析上，将是任何传统的社会科学所无法替代的。

第二章　研究问题及方法

第一节　研 究 问 题

时代的进步使"人的发展"成为了当前社会发展的主题，一时间幸福问题成为了国内各学科领域关注的焦点。"怎样才能促进人的幸福"，不同研究领域从自身学科角度出发，探讨了人格与幸福、政治与幸福、经济与幸福、文化与幸福等诸多问题，而教育理论界也于 2007 年中国教育基本理论专业委员会学术年会，将教育与幸福的研究提到了日程上来，学者们从不同的角度进行了热烈的探讨。然而，就现有研究来看，这些探讨仍然缺乏一定的深度。首先，对教育与幸福的辩证关系把握不够。教育一定能够促进幸福吗？就人的幸福而言，至少可以分为微观的个体幸福、中观的族类幸福和宏观的人类幸福三个层次。教育到底在哪个层次上与幸福发生关系？发生怎样的关系？这些都是探讨教育与幸福的关系时首先要回答的问题。此外，作为个体，我们每一个人都是来自过去，存在于现在，并对未来进行各种展望和预想，这些内容都可能会对思维、情感和行为产生弥漫性的影响，从而构成了每一个人独特的心理背景，[57]并由此决定着个人的幸福。这就意味着企图用某一个时间场的幸福来概括所有的幸福是不明智的。那么，教育如何面对幸福的这种时间场域性？如何避免用成年人的幸福观来理解孩童和青少年？如何界定教育增进幸福的可能性范围？这些问题都有待于更深入的研究。

其次，现有研究对教育与幸福的应然关系讨论较多，而较少触及二者的实然关系，即便谈到了当前教育过程中幸福的失落，也缺少一定的实证研究。我们看到的、听到的或感受到的教育过程中的幸福失落，依据是什么，是否具有代表性，是否夹杂着我们的前见，如果在教育过程中确实存在着幸福失落的问题，其严重性又是怎样的呢，对这些问题的回答是需要一定的数据支持的。在这一点上，教育学研究不妨借鉴一下其他学科领域对幸福的研究，一方面进一步澄清教育学语境中幸福的特殊性，另一方面还应多关注幸福研究的跨学科视野。因此，本研究拟运用社会控制论的方法，结合心理学主观幸福感的研究，从基础教育的现实出发，尝试回答以下两个问题：

第一，学生持有的幸福观念及其反映的教育问题是什么？

社会控制理论（sociocybernetics）认为，社会系统是一个由行动者组成的信息网络。作为其所处社会系统网络的决策者，一个行动者最重要的属性是他/她的目标。[58] 尽管行动者的目标是形式多样的，不论是经济上的利益，还是政治上的权力，抑或仅仅是快乐的心情，但从深层上讲，每个行动者所追求的终极目标都是幸福。实证研究证明，幸福既不完全取决于外部的物质条件，也不单单依赖于内部的精神状态，关键在于行动者作为一个心理系统与其系统环境的关系。因为，人是生活在社会和文化体系情境中，通过自身心理系统（人的认知、规范和情感）进行高级信息处理的物理、化学和生物系统。[49] 就学校教育而言，在文化这个大的系统环境下，家庭、学校和社会等各子系统的相互交换着信息，彼此交互影响，而居于这个信息网络中心的就是学生个体心理系统。如图1所示。

在这个复杂的体系中，信息的输入和输出是双向的，学生个体的行为或决策是系统与系统环境进行信息交换的中间环节。整个体系本身也是动态的，居于其中的个体心理系统及其外部系统环境都是活跃的、且随时发生着变化的。面对系统与环境之间的各种可能状况，行动者始终以"期待"的心态从事其实际的行动，包括选择与决策。[59] 那么学校、家庭和社会向学生输入了什么样的幸福观念？这种幸福观念反映了一种怎样的社会文化环境？学生个体又是如何在与其系统环境（家庭、学校和社会）

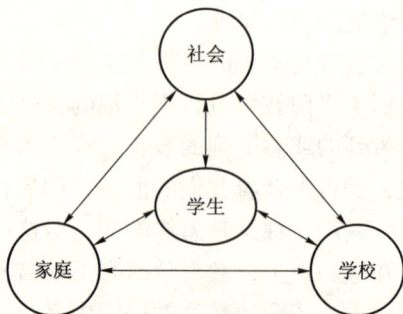

图1 处于信息网络中心的学生

的信息沟通中，逐步形成并不断调整其对幸福的期待的呢？其所反映的教育问题又是什么？

第二，学生的幸福实在是什么？它与学生的幸福观念之间是否存在着差距？如果存在，造成这种差距的原因是什么？

自近代以来，学校教育作为教育活动的核心已成为不争的事实。从教育者的角度来看，学校教育是由专职人员和专门机构承担的有目的、有系统、有组织的，以影响受教育者的身心发展为直接目标的社会活动。[35]12 一般认为，学校具有使个体社会化的功能。然而，分配理论认为学校教育是一种分配系统，它使部分人成功，部分人失败，所以学校教育还兼有选择、分类和分配的功能。正因为此，学校在现代社会中被当做了一个博弈的竞技场，而被卷入其中的学生个体，其对幸福的期望多大程度上在学校教育的信息输入过程中得到了强化或压制呢？作为受教育者，学生个体期望从学校教育中得到什么呢？学校教育在多大程度上帮助或阻碍了学生对自身幸福的实现？心理学研究表明，主观幸福感反映了个体期望值与成就水平之间的"缺口"（差）。两者之间的差越小，个体就越幸福。当差距为零或成就水平超出期望值则将产生高水平的幸福感。那么学生所持有的幸福观念与其所体验到的幸福实在之间是否存在差距呢？如果答案是肯定的，那么造成这种差距的根源是什么？

第二节　研究方法

一、社会控制论（sociocybernetics）的概念

控制论（Cybernetics）一词，来自希腊语，原意为掌舵术，包含了调节、操纵、管理、指挥、监督等多方面的含义，是由维纳（Wiener）首先提出的。根据维纳的定义，控制论是"机器与动物中的通信与控制问题"。冯·佛尔斯特（Heinz Von Foerster）进一步区分了一阶控制论（1st order cybernetics）和二阶控制论（2nd order cybernetics），前者主要研究被观察系统，后者主要研究观察系统。二阶控制论与一阶控制论的基本不同在于：（1）二阶控制论明确地建立在建构主义认识论的基础上；（2）二阶控制论关注观察者的自我参照，以及知识（包括社会理论）对观察者的依赖性。[60] 也就是，强调认识主体不是站在世界之外静止的旁观者，而是置身于自己所观察的行为过程之中，积极主动地观察着、反思着的参与者。[61]

社会控制论（包括一阶、二阶控制论）可以被定义为系统科学在社会学和其他社会科学的应用，是复杂性研究的一个领域。在通常情况下，系统论（systems）和控制论（cybernetics）是可以互换或结合在一起来使用的。采用社会控制论这个术语而不是社会系统论（sociological systems theory），是为了避免因为把它等同于帕森斯（Parsons）和鲁曼（Luhmann）的社会系统理论而产生误解。事实上，帕森斯和鲁曼的社会理论显然都属于社会控制论的范畴，但后者却包含更广泛的理论方法。[60]

系统理论或控制论的基本原理主要表现为两个方面：（1）就结构而言，系统理论或控制论试图研究的是一个相互关联的世界和客体；（2）就过程而言，信息交换的过程主要表现为因果反馈机制，即因果链以自我参照的方式对自身进行反馈。[60] 因果链的自我反馈有三种形式：（1）积极反馈，即强化动因（从平衡态的一个偏离）；（2）消极反馈，即弱化动因；（3）零反馈，这是一个不太可能出现的现象，可以把它看做特例。需要强调的是，这里的积极与消极是一个完全意义上的数学概念。[60]

社会控制论将个体视为一个进行信息处理的行为者系统（actor system），当两个人（行为者系统）开始信息传递并相互影响时，便产生了传统社会学意义上的社会行为。[60]而群体、组织、社团、集体、国家等则是行为者系统的集合，并在某些情况下构成更高水平的行为者系统。[60]与传统社会学研究不同的是，社会控制论强调信息处理和由各种因果反馈机制的复杂的反馈环。[60]因此，在一个群体中发生的不仅仅是相互作用，还包括行动和交流。就信息处理而言，群体知识和价值观可以被概念化为存储在个体行为者系统记忆中的共享知识，或储存在一个外部存储库（媒体及标志性建筑物等）的情感化知识。[60]

二、复杂性科学在国内的传播及其对教育理论研究的影响

1976年粉碎"四人帮"以后，教育理论工作者重新解放了思想，开始反思中国现行的教育学体系及教育理论研究。此时，复杂性科学在中国的传播为教育理论研究注入了新的活力。随着复杂性运动在国内的逐步深入，教育理论探索也逐渐走出了还原论的研究范式，从执著于构建宏大的科学体系，探寻教育规律，转向关注教育事件，回归生活世界。回顾这一段历程，主要由两条基本脉络交织而成：一个是国际上复杂性科学的兴起与发展；另一个就是复杂性科学在国内的传播及其对教育理论界的影响。

（一）早期系统科学理论的形成

起源于欧洲17世纪的近代科学，是建立在机械还原论的基础之上的。在这个被简单化了的世界图式里，时间和复杂性被粗暴地排除在外。自然的过程被看做是一个自动机，一旦给它编好了程序，它就按照程序中描述的规则不停地运行下去。[62]决定论和可逆性占据了统治地位，而随机性和不可逆性被有意地忽视了。呈现在人们面前的是一个僵死的、被动的自然。在仅仅150年间，曾经是鼓舞西方文化之源泉的科学精神已经构成了人类的威胁。通过拆零的方式，科学成功地将人类的问题从其复杂的环境中抽离了出来，使它所触及的一切都失去了人性。

作为对经典科学机械还原论分析方法的反动，第一次世界大战后出现了整体论（holism）、格式塔理论（gestalts）以及创造性的演化（creative evolution）理论。在这些理论基础上，横跨自然科学和社会科学，从系统

的结构和功能（包括协调、控制、演化）角度，研究客观世界的系统科学于 20 世纪 40 年代应运而生。[63]首先是贝塔朗菲（von Bertalanffy）提出"一般系统论（General System Theory）"标志着系统科学的正式建立。随后出现了瓦格纳（Wagner）的运筹学（Operational Research）、维纳（Wiener）的控制论（Cybernetics）、香农（Shannon）的信息论（Informatics）等早期的系统科学理论，以及系统工程、系统分析、管理科学等系统科学的工程应用。

（二）复杂性研究运动的兴起

20 世纪 70 年代到 80 年代，作为对 40 年代以来的系统论运动的深入，以及 60 年代以来西方猛烈的后现代思潮的影响在科学层面上的回应，自组织理论开始建立，包括普利高津（Prigogine）的耗散结构理论（Dissipative Structure Theory）、哈肯（Haken）的协同学（Synergetics）、艾根（Eigen）的超循环理论（Hypercycle Theory）。[64]而 80 年代以来，以突破还原论为使命的非线性科学（Nonlinear Science）和复杂性研究（Complexity Study）的兴起，则直接地推动了 90 年代科学界掀起的"复杂性研究运动"。

进入 21 世纪的今天，复杂性科学研究不再是分门别类地进行，而是打破了以前的学科界限，进行综合研究，而且有了专门从事复杂性科学研究的机构——美国圣塔菲研究所，并正在形成统一的范式。不同于早期阶段主要以数学和自然科学为背景，在目前的复杂性科学研究中，社会科学也在发挥着重要的作用。[65]

（三）复杂性科学在国内的传播及其对教育研究范式的影响

控制论思想在中国的早期传播是在 1949—1966 年间。与控制论同时孕育诞生的信息论，虽然在 1966 年前也已实质成为一门独立的学科而被广泛研究，但国内对于信息概念，主要还是作为控制论的一个重要范畴来理解。国内学者对信息论的研讨尚属起步阶段。至于一般系统论还没有被介绍进来，仅是"系统"的概念得以普遍使用，真正系统论研究在国内的成型期则是 20 世纪 70 年代前后。所以，正是由于控制论在中国学界早期的广泛传播，及其相关研究在"文化大革命"后迅速的恢复，带动了对信息论、系统论的研究，使国内在 80 年代初掀起了"三论"的探讨热潮。[66]迟到的中国系统运动恰恰也在同一时间启动了，参与其中的主要包括三大领域：（1）从事数学研究的中科院系统研究所；（2）从事应用的系统工程学界；（3）从事系统科学与哲学研究的一批学者。[67]

对于这场声势浩大的系统运动，国内教育界很快地作出了反应。早期将系统理论和控制论应用于教育科学研究的著述多数集中在 20 世纪 80 年代末和 90 年代初，主要有查有梁 1986 年出版的《控制论、信息论与教育科学》、毛祖桓 1988 年出版的《教育学的系统观与教育系统工程》、李诚忠、王序荪 1991 年出版的《教育控制论教程》、严泽贤、张铁明 1991 年出版的《教育系统论》和查有梁 1993 年出版的《系统科学与教育》。这一时期的研究主要是从宏观上研究整个教育系统的组成、结构以及教育系统内部各要素之间的关系。

有的研究者认为教育系统有宏观、中观和微观之分。宏观教育系统工程的任务是研究教育系统的设计、规划和管理；中观教育系统工程的任务是研究如何对一所学校或一类学校这样中等规模的教育系统进行组织和管理；而微观教育系统工程的任务，则是对教学过程的组织和管理。[68]也有研究者进一步指出按照大教育观，人在一生中，应是从一个教育系统转到另一个教育系统。[69]82从学校到工作单位，从家庭到社会，都不断受到教育。按照研究对象的不同，可分为针对个体的微观教育系统、针对群体（学校、年级和班级）中观教育系统和针对社会的宏观教育系统。[69]208−215但是不论怎样对教育系统及其内在要素进行划分，把教育看做社会的一个子系统并从中追寻教育的规律，是当时一个较为统一的立场。学者们普遍认为，教育遵循着系统内部和外部两条基本规律，前者是教育系统内部各个因素或子系统之间相互关系的规律，后者则是教育与社会其他子系统相互关系的规律。[70]

（四）教育研究范式的复杂性转变

到 20 世纪 90 年代中后期，研究者已不再满足于建构宏大的教育系统工程，转而具体运用系统科学的原理和方法，对教育系统内部各组成要素进行研究，其中包括微观层面的教学组织与管理、课程与教材，以及中观层面的师资培训与学校管理，并产生了一些新的学科，如教育工程学和教育信息学等。在方法论上也不只是局限于"老三论"（系统论、控制论、信息论），还引进了所谓的新三论（耗散结构论、协同论和突变论），极大地丰富了教育理论研究。但总体上讲，这个时期的探讨依然处在以还原论为基础的研究范式之中。

1999年3月，香山科学会议在北京召开了以"复杂性科学"为主题的第112次会议，进一步推动了教育研究范式的复杂性转变。此刻，教育理论界清楚地认识到，教育科学研究必须超越还原论，直面人的生命，尤其是精神方面的复杂性，来探讨教育研究的独特性。[71]复杂科学关于系统的自主性、自我组织等观点使人们认识到，作为一个复杂的、人为的系统，教育应关注目标的非预设性，以及过程中的偶然性、无序和矛盾等因素的影响，而不只是教育规律的普适性。[72]

有学者认为教育本身的复杂性决定了复杂性思维方式视野中的教育本体论研究向生活世界的转向，并指出从教育理论研究的整体发展来看，我国教育理论研究仍然过于偏向体系的构建，这种体系倾向于通过把整体还原为部分或最初的起点来解释教育现象，从而偏离了甚至远离了教育生活世界的复杂性，是对教育生活世界作简单化处理的片面抽象。因此，教育理论研究不能仅仅停留在科学体系的构建上，而是要与生活世界保持一种永恒的开放关系，教育研究需要主体的渗入。[73]也有研究者认为偶然性事件是具有合法性的，教育研究不能偏执于教育规律的发现及其实践运用。教育实践如果偏执于不分时间、地点、情境地遵循所谓的教育规律，就是一种不负责任的态度。复杂性研究对教育研究的一个启示就是要祈向整体性的教育思维，更多地关注教育事件，注重模糊的教育评价和共生的教育学研究。[74]

虽然改革开放以来教育理论界对教育规律的探讨，没有像教育本质等问题那样引起大规模的讨论，但始终没有间断过。人们总是希望从教育现象与事实中抽象出规律性的认识，使之具有普遍的可适用性。这种建立在机械还原论基础上的研究范式，固执地影响着国内的教育理论研究。即便是在20世纪80年代系统科学的冲击下，理论研究仍然是旧瓶装新酒，渴望通过建立一个复杂的教育系统工程来把握普适性规律，而在这个过程中偶然性、无序性和不可逆性被有意忽视了。

随着20世纪90年代复杂性运动在国内的深入，教育理论界才展开了真正的反思。对于教育这样一个复杂的社会现象，理论研究不应只是执著于对教育规律的探寻，而应以复杂性思想为指导，运用复杂性科学的原理和方法从整体上把握教育系统的复杂性，分析和归纳出有效的方法，指导教育决策和进行各项具体的教育实践活动，进而尝试提出改造的思路和对策。

三、运用社会控制论的方法研究教育与幸福问题的意义

（一）社会控制论视角下的幸福

国际社会学协会社会控制论委员会主席 R.霍恩尤格（Hornung）教授认为人是一个能够进行高级信息处理的心理系统，该系统有两个互补的决策系统——情感系统和理性判断系统。作为一个信息处理系统，个体心理系统的功能模型也和其他一般系统一样，是由四个部分组成的：信息输入、信息加工、记忆、信息输出。[49]从心理学的角度来讲就是感知/认知（信息输入）、有意识的思考/无意识的认知处理（信息加工）、知识（储存在记忆中的信息网络）和行为（信息输出）。[49]其中，行为包括行动、交流和非言语行为，而知识则由认知和非认知两类知识组成。认知知识包括事实知识和规范知识（价值、目标和规范），非认知知识包括技能（运用身体达到某一目的实践知识）和情感"知识"。[49]当个体心理系统在做行为决策的时候，理性判断系统运用事实知识和规范知识形成个体对客观现象的主观评价，而情感系统则为行动提供激情和动力。[49]个体心理系统在情感"知识"和认知知识的基础上，形成对系统自身及其相应机体最为稳定的、核心的整合知识，这就是心理学上所谓的自我同一性，它为个体心理系统经历人生的种种变化提供了行为的连续性。[49]

个体幸福观念是个体心理系统关于什么是幸福以及如何实现幸福的态度和看法，因此它是储存在系统记忆中的认知知识①，是个体在事实知识和规范知识交互影响下形成的对幸福及其实现途径的认知。但幸福本身显然不是认知的，它是一种情感体验。因为能够感知到幸福的系统，是个体

---

① 把幸福观念看做是存储在系统记忆中的认知知识只是相对的，因为个体幸福观念本身的形成也是由情感"知识"推动的一个动态过程。

心理系统的子系统——情感系统，而不是理性判断系统。[49]所以，人们常常说，"我感到幸福"，而不是"我应该幸福"。那么，什么是真正的幸福呢？霍恩尤格（Hornung）教授认为，就人的情感系统而言，有七个基本的情感维度是人的生存和发展所必需的。[49]如图2所示（排序不代表重要性的先后）。

其中，客观需要的满足主要使人感到健康、舒适，具有物质满足感；信息需要的满足则使人感到有知识、见闻广、有好奇心；安全需要的满足使人感到自我同一性、自尊、友谊、爱、信任和团结；行动自由感的满足使人感到自由、平等、有选择权、有决心、有勇气；适应感的满足使人感到积极主动、有创造感、有胜任感；责任感使人

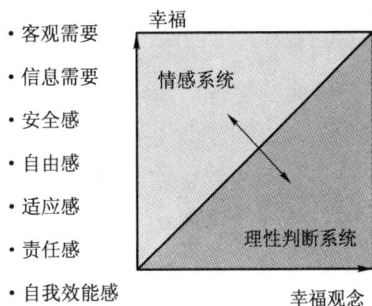

- 客观需要
- 信息需要
- 安全感
- 自由感
- 适应感
- 责任感
- 自我效能感

幸福

情感系统

理性判断系统

幸福观念

图2　社会控制论视角下的幸福

感到自律、具有责任感；自我效能感使人感到有抱负、有成就感、有自我掌控感。[49]在这七个维度中，任何一种情感的缺失都将导致整个情感系统的破坏，每一种情感都是不可相互替代的，而这七个情感维度的相对平衡就是真正的幸福。[49]当然，个体情感系统的成熟是需要慢慢培养的，对于幼小的孩子我们不可能强求，幸福是有时间场域性的，而且由于社会和文化等因素的影响，达到绝对的平衡也是不可能的，七个情感维度的相对平衡是一种理想状态，是一个努力的方向。虽然霍恩尤格教授（Hornung）对七个情感维度的划分是否适用于中国文化还有待于进一步的研究，但是将幸福视为人的情感系统的相对平衡这一界定，有机地将心理学和社会学的研究结合起来，对于教育与幸福研究是极具启发意义的。

（二）以社会控制论的视角研究教育问题的方法论意义

叶澜在回顾十多年基础教育改革时认为，教育改革只有确实把学生当做一个完整的生命体而不只是认知体，把学校生活看做是学生生命历程的重要构成，而不只是学习过程的重要构成，才能够避免在实践上忽视对人

的精神力量的培养。[75] 就学校教育而言，教育目标是价值明显的。但是，参与其中的是具体的个人，包括学生、家长和教师，每一个教育体系中的参与者都有其各自不同的追求与目标。这些追求在交互影响着，构成一个复杂的信息网络，而居于这个网络中心的就是学生。但是，在以往的教育研究中人们往往倾向于把学生看做是无知无能的接受教育的人。我们所关心的是把那些东西（或知识、或能力、或观念、或行为、或价值、或信念）教给他们，而不是对他们生命活动本身的认识，不是对他们实际的需要与可能的把握。

那么，怎样才能了解他们的生命活动本身，把握他们的实际需要呢？这就需要我们从教育者的视界转向受教育者的视角，把学生看做一个自组织的行为者系统，而众多行为者系统的集合便构成了更高水平的行为者系统——班集体和学校，与家庭和社会共同组成了学生个体行为系统的外在环境。所谓自组织，就是系统按照相互默契的某种规则，各尽其责而又协调、自动地形成有序的结构。一个系统自组织功能越强，其保持和产生新功能的能力也就越强。纵观国内教育界在方法论上对系统理论和控制论的吸收与借鉴，我们不难发现，从一阶控制论到二阶控制论这一转换的方法论意义至今尚未被人们充分地认识。学生在我们的教育研究中，始终被看做是教育这个大系统中一个子系统（微观教学系统）中的一个要素，而不是一个积极主动地观察着、反思着的行为者系统。当我们从被观察系统（学生所处的环境）的角度，而不是从观察系统（学生自身）的角度来研究教育问题时，用生命的整体性和人的发展能动性这样的观点去认识教育对象，就只能停留在理论上。

从这个意义上讲，社会控制论为我们提供了一个独特的观察者的视角，使教育理论研究由教育者的视阈转向受教育者。传统上，人们认为认识主体从外界环境接受并加工信息，从而获得知识，亦即主体在知识的获得过程中是被动的接收者。社会控制论认为，主体以某种方式建构一个内部的认知模型，来表示未知的外部现实，而认知则是在此基础上有意识的信息加工过程。[61] 显然，建模首先是为自身目的服务的。主体希望能控制他所感觉到的东西，以便从其首选的目标状态中排除一切与之相背离和产生干扰的东西。[61] 在这一过程中，主体作为一个观察系统是积极、主动与反思的。二阶控制论的研究便是要实现对观察系统本身的关注，而这正是教育研究方法所应借鉴的。

（三） 运用社会控制论的方法研究幸福问题的理论意义

对幸福问题的探讨最初是一个纯伦理学的范畴，只是在稍微晚近的时候才成为了一个跨学科的研究领域。这些学科中有研究客观幸福的社会学、政治学和经济学，也有研究主观幸福的认知科学、心理学、神经生理学和哲学、伦理学。虽然人们普遍认为客观幸福只是增进幸福的外在因素，并不是幸福本身，但主观幸福的内在性又让人们感到难以接近。作为一个观察者，我们只能直接观察到被观察者的客观幸福（家庭美满、富有或是看上去很快乐），而主观幸福却只有他/她自己清楚。所以，人们所能做的只能是把自身的主观幸福与对方的主观幸福进行类比，这就使得主观幸福在经验上和概念上比客观幸福更难以把握。尽管自20世纪60年代末以来，心理学领域从主观幸福的维度及影响因素角度出发，对主观幸福的研究作出了积极的贡献。但是，这种基于量表调查的实证研究是无法把握主体与其环境之间的亲密互动与交流的，因此仅从心理学的角度来分析主观幸福是不够的。而且，客观幸福对幸福的促进也是不能被完全忽略的。

如果说上述每一个学科都揭示了幸福的一个真实的侧面，那么能够将这些学科整合起来，展示幸福的多样性、抽象性和复杂性的就只有社会控制论。[49]社会控制论不仅能够将各学科领域的研究整合起来，而且还能够解释在流变的经验世界中行为者系统与其环境之间所发生的一切。对于在流变的世界里变化着的系统与环境之间的互动与交流，只有通过学习、适应、发展、演化和复杂等，这些系统理论和控制论的核心概念才能够加以把握，因为在这个过程中不但系统环境是活跃的、变化的，行为者系统自身也在不断变化着的。[49]所以，控制论的原则和发现可以为我们解决在幸福研究上所遇到的复杂性问题，而社会控制论正是系统理论和控制论在社会科学中的应用。作为一个整体性的、问题导向的研究方法，社会控制论把行为者系统看做是一个进行信息处理和决策制定的心理系统。[49]幸福作为这个行为者系统在社会生活中的终极目的，则被视为整个系统行为的元引导（meta-orientor）。[49]

四、研究对象

国家教育部"九五"计划提出，要把提高教育质量和办学效益摆在突出位置，促进教育发展方式从重视规模速度向着力提高质量效益转变，并根据《中国教育改革和发展纲要》及其实施意见的有关精神，决定在2000年以前分期分批建设并评估验收1000所左右实验性示范性普通高级中学（简称实验性示范性高中）。"实验性示范性高中"的出现体现了国家大力发展高中教育，以适应社会、经济发展对高素质人才的迫切需求及满足人民群众对优质教育的需求不断增长的教育方针。通过建设"实验性示范性高中"，使其在高中的教育改革中起到示范、骨干和辐射作用，从而提高高中教育的整体水平。所以，实验性示范性高中实质上就是高中教育的典范，是高质量教育的代名词。

适者生存理论认为在激烈的竞争下，优质的社会资源相对来说总是稀缺的，人们为了自身的生存与发展，就需要努力奋争去占用它。对于大多数父母而言，唯一希望的就是孩子能够获得学校教育体系的认可，顺利地升入优质中学，考上重点大学，在未来的社会竞争中首先占用优质的资源。所以，进入实验性示范性高中意味着将有更多的机会考入重点大学、名牌大学，成为学生生涯历程中大浪淘沙剩下的真金，最终开启幸福的人生。

然而，占有优质资源是否就意味着把握了幸福呢？所谓的高质量教育是否给学生带来了真正的幸福呢？本研究将研究对象锁定为上海市实验性示范性高中，正是希望通过对这些问题的解答，来深入地探讨教育与幸福的关系。

本 章 小 结

复杂性科学关于系统自组织的观点促成了20世纪末国内教育研究范式的复杂性转变。复杂性思维为教育研究的反思带来根本性的颠覆，人们从追求教育规律的普适性，转而关注教育目标的非预设性，以及教育过程中的偶然性，从热衷于教育本体论的研究，转而关注教育的生活世界。在这一背景下，教育与幸福之间的关系引发了学者们热烈的讨论。但从研究视角及研究方法上来看，这些讨论普遍忽视了受教育者的幸福视界，并且过多地停留于思辨层面，缺乏相应的实证研究。为此，本研究拟运用社会控制论的方法，通过实证研究来尝试回答两个基本问题：（1）学生持有的幸福观念及其反映的教育问题是什么？（2）学生的幸福实在是什么？它与学生的幸福观念之间是否存在着差距？造成这种差距的原因是什么？

　　作为复杂性研究的一个领域，社会控制论被定义为系统科学在社会学和其他社会科学领域的应用。社会控制论将人看做进行信息处理和决策制定的个体行为者系统，该系统有两个互补的决策系统，即情感系统和理性判断系统，幸福则是个体情感系统的相对平衡。由此，社会控制论有机地整合了幸福研究的相关各学科领域，将主体视为置身于自己所观察的行为过程中积极主动地观察着、反思着的参与者，使从学生自身（观察者系统）的角度研究教育与幸福问题成为了可能。同时，将学生视为处于社会、家庭和学校组成的复杂信息网络中心的行为者系统，有益于在流变的世界里，把握变化着的系统与环境之间的互动与交流。

第三章　实验性示范性高中高三学生主观幸福感研究

第一节　学生主观幸福感的结构分析与量表编制

一、对幸福的测量研究

（一）伦理学领域对快乐进行度量的努力

第一个以数字的概念来表示幸福的人，应当追溯到古希腊哲学家柏拉图。他在比较僭主与王者的快乐时，认为僭主距离真正的快乐是 3 的平方，而与王者的快乐的差距则是 9 的立方，所以王者的生活比僭主的生活快乐 729 倍。[76]378-379 到了 18 世纪，英国功利主义伦理学鼻祖边沁（Jeremy Bentham）认为快乐和幸福之间只存在量的差异，而不存在质的差别，[77]369 "最大多数人的最大幸福" 就是一切社会道德的标准，因此主张人们（尤其是立法者）要对苦乐进行精确的计算，并提出了计算所应依据的七个描述性指标，即强度（intensity）、持久性（duration）、确定性（certainty）、迫近性（propinquity）、增值性（fecundity）、纯度（purity）及广延性（extent），[78]226-227 前四项指标用来计算快乐和痛苦的相对价值，后三项指标则标示着最大幸福的三个基本准则，七项指标结合起来构成边沁（Bentham）所谓的完整的道德评价标准，[78]370 成为推动快乐的数量研究与指数测度的一个"里程碑式的元初启动"[79]。

但是，在不确定快乐的性质的前提下，单纯考虑快乐的量，无论作为行为评价标准还是作为行为选择方法，都是不适用的。[77]370 穆勒（John Stuart Mill）就曾毫不客气地指出："我们估计一切其他东西的价值时，都把品质与分量同加考虑；偏偏以为快乐只按分量估价，这就未免荒谬了。"[80] 西季威克（Henry Sidgwick）则对"快乐是可以计量的"这个假设本身提出了质疑：如果快乐仅在被感觉到的时候才存在，那么"每种苦乐都有一种明确的强度"这一信念，就必然是一个不能以实证经验来证明的先验假设。[81]167 因为，苦乐的度量只能相对于其他同类的或不同类的感觉，而当几种感觉同时被人感觉到的时候，判断一种感觉以某种确定的比率比另一种感觉更值得欲求，这本身是不现实的。[81]167 而且，即便我们假定每一种快乐与痛苦都的确有一个明确的量度，也没有办法准确地度量这些量。因为，如果以一个完全无差异的零点为基准，对一种感觉值得欲求的程度用正值和负值来度量的话，我们对苦乐值的估计都将因为我们原有的先见而含有一定程度的错误。[81]168 这样，边沁（Bentham）对快乐进行度量的努力便在伦理学领域遭到了摒弃。

（二）幸福指数——经济学领域对幸福的测量

19 世纪 70 年代，英国经济学家斯坦利·杰文斯（Williamstanley Jevons）在边沁（Bentham）关于快乐数量意义的思想基础上，提出"快乐、痛苦、劳动、效用、价值、财富、货币和资本都是量的概念"[82]34。杰文斯（Jevons）进一步指出，经济学的问题是以最小努力获得欲望的最大满足，以最小量的不欲物获得最大量的可欲物，换言之，就是如何将快乐增至最高度的问题。[82]51 效用是物品给人们带来快乐的功用性质。正效用即是快乐的生产，或者是在快乐与痛苦的权衡中有正面的余额；负效用则是痛苦的生产，或是在快乐与痛苦的权衡中有负面的余额。[82]65 杰文斯（Jevons）在劳动苦乐均衡分析基础上形成的边际效用论，为新古典经济学进行基数效用研究开拓了思路。

1920 年，庇古（Arthur Cecil Pigou）《福利经济学》一书的出版标志着福利经济学的产生。庇古（Pigou）根据边际效用基数论提出两个基本的福利命题：国民收入总量越大，社会经济福利就越大；国民收入分配越是均等化，社会经济福利就越大。[83]36-71 1932 年，英国经济学家罗宾斯（Robins, L.）在他的《论经济科学的性质和意义》一书中，对庇古（Pigou）的福利经济学进行了批判，认为效用作为一种心理现象是无法计量的。[83]68 于是 20 世纪 30 年代以后，新福利经济学便开始采用效用序数论和无差异曲线分析法来摆脱旧福利经济学难以回答的福利命题[83]69，从而使对幸福的测量退出了经济学的视野。

20 世纪中后期，随着社会学领域生活质量研究与心理学领域主观幸福感研究的不断深入，经济学的基数效用论在吸收社会学和心理学研究方法及成果的基础之上又重新活跃了起来。第一个建立起幸福与经济学、幸福与民主之间经验性联系的是瑞士著名经济学家弗雷与斯塔特勒（Bruno S. Fred & Alois Stutzer）。他们整合了心理学、社会学和政治科学的洞见与发现，向人们展示了微观和宏观经济是如何通过收入、失业和通货膨胀来影响幸福的。[84]2002 年，瑞典皇家科学院将诺贝尔经济学奖颁给了普林斯顿大学心理学教授丹尼尔·卡尼曼（Daniel Khneman），标志着用感知心理学分析法研究人类的判断和决策行为与经济学通过建模对人类行为作出预测，这两个截然不同的领域的逐步融合。[85]随着丹尼尔教授提出幸福学（Hedonomics）的概念，国民幸福指数（GNH）成为了评价和预测社会发展状况的一项重要指标。2005 年 10 月，联合国环境署将当年的"地球卫士奖"颁给了不丹国王和不丹人民。"不丹模式"①成为世界不少著名经济学家的研究对象，各国的政府、研究机构及学者都开始积极地投入到国民幸福指数（GNH）体系的研究之中。[86]

（三）社会学及心理学领域对主观幸福的测量研究

第二次世界大战后，科技发展进一步提高了经济效益，改善了西方社会的物质生活水平，然而人们似乎并没有因此而感到更加幸福。为此，传

---

① 1972 年，不丹国王旺楚克提出了"国民幸福总值"（GNH）概念，创建举世瞩目的"不丹模式"。到 21 世纪初叶，不丹不仅在人均 GDP 方面领先于南亚，而且其国民幸福感也令其他国家难以望其项背。

统经济学中以 GDP、人均寿命和教育作为衡量社会发展程度及国民生活水平的指标受到了广泛的质疑。20 世纪 50 年代中后期，部分经济学家、心理学家和社会学家针对传统经济学中客观评价指标存在的问题，强调主观精神生活对人的生存和生活发展的重要意义，共同推动了生活质量（一种评价人们生活质量的主观性量化指标）研究活动，发展了生活质量的评价和测量方法。[87]

　　心理学领域对主观幸福的实证研究，是在积极心理学与生活质量研究活动的共同推动下应运而生的。20 世纪 40 年代末和 50 年代初，心理学研究开始由对消极心理学的关注转向对积极心理学（包括人本主义心理学）的倡导，其代表人物有格兰特（Grant）、马斯洛（Maslow）和塞利格曼（Seligman）。主观幸福研究从人的心理健康、幸福感和自我实现等问题入手，提出了一些有关幸福心理的重要理论并编制了一些相关的测量工具，其初步形成的标志是威尔逊（Wilson）1967 年发表的对幸福心理研究领域的综述和评价性文章《自称幸福的相关因素》。

　　早期主观幸福的研究主要局限于研究来自外部的、自下而上（bottom-up）的因素（事件、境遇以及人口统计学变量）对主观幸福的影响。研究的变量主要有收入、宗教、婚姻、年龄、性别、工作士气和教育。但是大量研究表明，外在的客观变量对主观幸福感的影响相当小，其中人口统计学变量只能解释主观幸福感不足 20% 的变化，而客观环境只能解释主观幸福变化的 15%。由于客观变量对主观幸福的影响很小，研究人员转而研究自上而下（top-down）的因素，亦即个体如何感知外部事件和环境。[18]

　　经过 40 多年的发展，主观幸福研究一方面不断地从其他学科领域的新发现中汲取灵感与启迪，其中包括跨文化心理学和社会心理学。在与不同学科领域的交流过程中，主观幸福研究的领域已逐步拓宽，并形成了一套自己的研究方法与理论，为幸福的测量及其影响因素的分析提供了实证的依据。[85]另一方面，主观幸福研究的洞见与理论发展也为其他的学科带来了积极的影响。比如，一向强调客观事实而将幸福列为"非科学"概念的经济学，在主观幸福研究的影响下也开始了幸福学的研究。

二、研究问题及研究假设

（一）国内青少年主观幸福感的测量研究

由于幸福本身的复杂性与多样性，对幸福的研究长期以来只是停留在思辨的层面，早期伦理学以及经济学领域学者对幸福进行计算的尝试也均以失败告终。直到 20 世纪中叶，人们发现提高经济效益、改善生活水平，并没有像经济理论所预期的那样，使人感到更幸福。因此，在部分经济学家、心理学家和社会学家的推动下，生活质量评价与主观幸福研究蓬勃兴起，并取得了长足的进步。但这些研究主要针对的是成年人，相比之下，有关青少年主观幸福感的研究就少得多了，而且目前已开展的研究也主要是集中在生活满意度这一领域。[88]国内的幸福感研究由于起步较晚，在很多方面都延续了西方的传统，所以在青少年幸福感研究方面也明显少于针对青年（大学生）、成年人和老年人的研究，并以对生活满意领域的研究为主。目前已有的研究主要从两个方向展开：（1）针对青少年群体的幸福感量表的开发；（2）青少年主观幸福感现状及其影响因素的研究。

就青少年主观幸福感量表的开发来说，在国内相关的研究尚少，现已发表并在一些研究中得到应用的，有张兴贵等人根据休伯纳（Huebner）的《多维学生生活满意度量表》（MSLSS）编制的《青少年学生生活满意度量表》。[89]根据该量表，青少年的生活满意度结构包括自我满意和环境满意。其中自我满意包括友谊满意、家庭满意、学业满意和自由满意四个因子；环境满意包括学校满意和社会/自然环境满意两个因子。量表的同质性信度介于 0.71—0.91 之间，总量表和各分量表的稳定性信度介于 0.54—0.85 之间；与一般生活满意度量表的相关为 0.65，与脸型评尺量表的相关为 0.37，与正性情感和负性情感的相关分别为 0.51 和 −0.36，与五大人格中抑郁和焦虑量表（幸福感的负向指标）的负相关分别为 −0.45 和 −0.39，各项指标表明该量表具有良好的聚合效度和一定的辨别效度。

此外，陈作松等人在做"身体锻炼对高中生主观幸福感的影响研究"中，编制了《高中学生主观幸福感量表》。[90]该量表包括正性情感、负性情感、生活满意感、学习满意感和身体满意感五个维度。量表及其分量表

的内部一致性系数在 0.602—0.911 之间，五个分量表间的相关系数在
0.217—0.600 之间；与情感平衡量表和一般生活满意感量表两个效标量
表的得分的相关分别为 0.759 和 0.818。马颖等人针对中学生的学习状况
编制了《中学生学习主观幸福感量表》。[91] 该量表包括中学生学习主观幸
福感现状与中学生学习主观幸福感影响因素两个分量表。两个分量表的折
半信度与内部一致性系数分别为 0.72、0.83 和 0.71、0.71；总量表的折
半信度与内部一致性系数为 0.58、0.81。但是以上两个量表在其他研究
中尚未发现得到应用。

(二) 研究问题与假设

在心理学的概念体系下，主观幸福不是心理健康的同义词[92]，一个
受虐狂也可能认为自己是幸福的。而且正像里夫 (Ryff) 指出的那样，幸
福也不只是快乐和对生活满意。幸福是多维度的，其中包括自我接受
(Self-Acceptance)、个人成长 (Personal Growth)、生活目标 (Purpose in
Life)、积极的人际关系 (Positive Relations with Others)、对环境的掌控
(Environmental Mastery) 和自主性 (Autonomy)。[93] 因此，迪纳 (Diener)
等人将主观幸福定义为一个科学兴趣的综合领域 (a general area)，而不
是一个单一的、有明确界限的建构 (a single specific construct)，它既体现
了合乎人们需要而产生的快乐体验，同时也体现了人们对自身生活境况一
种相对稳定的总体感受和体验。[18]

然而，就学生的主观幸福而言，人们往往倾向于认为学生的生活主要
就是学习，除了学习的压力和烦恼以外还能有什么呢？于是便产生这样一
种普遍的认识，即学习压力是影响学生主观幸福的一个主要因素，学习压
力越大，学生的幸福感越低；学习压力越小，学生的幸福感就越高。按照
我国宪法和法律的有关规定，年满 18 岁意味着进入成年，将依法享受全
部的公民权利，同时依法承担全部的公民义务。但是对于大多数高三学生
来说，18 岁带来更多的不是青春的激情和时代赋予的重任，而是来自高
考的负担以及来自家庭与学校的隐性压力。频繁的考试、课余活动的急剧
减少、家长与老师的管束以及媒体的渲染等，这些都将或多或少地影响高
三学生的主观幸福感，使之不同于其他学生群体，而这一点在已有的研究
中并没有得到足够的关注。在国内主观幸福感的测量研究上，高三学生一

直都是一个十分尴尬的群体。从心理发展和心理学研究的角度来看，17—19 岁正是属于青年期。然而，在国内幸福感研究较具有代表性的两个量表《城市居民主观幸福感量表》和《青少年学生生活满意度量表》中，前者虽然将 18 岁作为主观幸福感研究的理论起点，但被试却主要来自大学生、在职人员、退休和下岗人员；后者的被试则仅有初二学生、高二学生和大学生。高三群体在主观幸福感测量研究的缺失当然与其自身的特殊性是分不开的，正如某知名实验性示范性高中学生处处长所言："高三学生是绝对不可以打扰的。"家庭与学校的"精心保护"使高三几乎成为了研究者的真空地带。

如果学习压力是学生幸福感的一个重要预测指标，那么，高三学生学习压力最大，其幸福感也应该最低。但事实是否如此？此外，上海市学生与国内其他地区相比，客观上升学压力较小，课业负担相对较轻，幸福感是否也会相对较高呢？为此，本研究以上海市实验性示范性高中高三学生为研究对象，试图通过构建学生主观幸福感的指标体系，来检验如下两个研究假设：（1）学习压力是构成学生主观幸福感的一个主要维度；（2）学习压力对学生幸福感具有显著的负向影响。

三、问卷的研究理论及概念的界定

（一）问卷的研究理论

体验论主观幸福感研究认为，以往的研究者对幸福的界定大多是从操作层面上进行的。所以，就主观幸福感测量研究而言，人们更多关注的是幸福感的认知成分（生活满意度），即便考虑到了幸福感的情感成分，也只是停留在其状态与性质上（正向或负向情感）上，而较少关注其所指向的内容。[26]26 例如，休伯纳（Huebner）编制的《多维学生生活满意度量表》（MSLSS）测量的就是青少年学生对家庭、友谊、环境、自我和学校五个方面的满意度认知；迪纳（Diener）编制的《国际大学生调查表》中的幸福感分量表（包括一般生活满意度、正性情感和负性情感）虽然考虑到了幸福感的情感成分，但只是停留在其状态与性质上；而国内学者张兴贵等人编制的《青少年学生生活满意度量表》作为 MSLSS 一个本土化的产物，当然也没有离开对幸福感的认知成分的关注。

幸福感是人们对现实生活的主观反映，它既同人们生活的客观条件密切相关，又体现了人们的需求和价值。[94]本研究认为，个体的幸福观念在内因与外因的交互作用下得以实现，即会产生一种幸福的体验，多项幸福体验的综合便构成了个体的主观幸福感。所以，个体的主观幸福感在一定程度上，是由两个层面决定的：（1）个体的幸福观念；（2）个体幸福观念的实现程度。基于上述两点，本研究旨在以体验论主观幸福感研究为基础，从引起青少年主观幸福感体验的经验对象入手，构建实验性示范性高中高三学生主观幸福感的指标体系，并据此编制实验性示范性高中高三学生主观幸福感量表。

（二）核心概念的厘定

1. 学习压力

压力，也称应激，是"有机体在生理或心理上受到威胁时出现的一种非特异性的身心紧张状态"[95]1575。学习压力（learning stress）则是"由学习引起的心理负担和紧张"[95]1490。造成学习心理负担和紧张的压力源有很多，但归纳起来则主要来源于两个因素，即对成绩的焦虑以及由于学业负担过重而引起的负荷应激（load stress）①，本书中分别称为成绩焦虑和课业负担。

2. 成绩焦虑

以因素分析为基础的焦虑理论认为焦虑是一种事先对环境威胁因素的知觉及特定反应，包括特质焦虑和状态焦虑，后者也称情境焦虑，即因情境而发生，且具有暂时性。[95]600成绩焦虑是一种情境焦虑，它是学生对考试（升学）成绩能否达到自身、家长或教师的要求而产生的一种着急忧虑的情绪。

3. 课业负担

课业负担这个概念的使用一直较为混乱且缺乏清晰的界定。本文将其定义为一种负荷应激，即学生因学业负担过重（包括课外作业量大，补课多；课内周课时总量大、加课、占用学生休息时间集体补课等）而产

---

① 工作负荷不合理引起的情绪状态。见：林崇德，等. 心理学大辞典［M］. 上海：上海教育出版社，2004：370.

生的身心紧张状态。

四、学生主观幸福感预备问卷的初步形成

（一）研究目的

对实验性示范性高中高三学生主观幸福感预备问卷所含的 68 个项目进行分析，初步探讨实验性示范性高中高三学生主观幸福感的结构。

（二）研究方法

1. 被试

根据上海市教委 2005 年公布的 39 所实验性示范性高中一览表随机抽取五所实验性示范性高中（两所市郊学校，三所市区学校），共 327 名高三学生。采取以自然班为单位的集体施测，回收率为 100%，共获得有效问卷 303 份，有效率为 92.7%。

2. 研究工具

（1）实验性示范性高中高三学生主观幸福感预备问卷

预备问卷的编制以开放式问卷和个别访谈为基础，选取上海市某实验性示范性高中高三学生文理科两个班共 50 名学生，进行开放式问卷调查。问题为"总的来说，你觉得你的生活怎么样"，并要求学生对自己的回答做 50—100 字的自我陈述。然后，对其中的十名学生进行个别访谈。通过对问卷调查及访谈的分析，选取其中具有代表性、普遍性的内容，结合国内外较成熟的主观幸福感量表，初步形成实验性示范性高中高三学生主观幸福感八个测量指标，并在此基础上编制了"实验性示范性高中高三学生主观幸福感预备问卷"。该问卷包含 68 个项目，采用七级计分的方法。项目以自编为主，另外还有一部分来自或改编自《多维学生生活满意度量表》（MSLSS）、《中国人幸福感量表》（CHI）、《中国城市居民主观幸福感量表》（SWBS – CC）以及《情感平衡量表》（ABS）。表 1 是实验性示范性高中高三学生主观幸福感预备问卷各纬度上的项目数及项目来源。

表1　实验性示范性高中高三学生主观幸福感预备问卷所含项目情况

维　度	项目数	项　目　来　源
校园人际关系	13	自编（10）MSLSS（2）SWBS – CC（1）
家庭亲子关系	7	自编（5）SWBS – CC（2）
生活意义体验	10	自编（9）SWBS – CC（1）
自主体验	11	自编（10）CHI（1）
快乐体验	6	自编（6）
抑郁体验	7	自编（5）改编自 ABS（2）
知足体验	6	自编（6）
自尊体验	8	自编（6）MSLSS（2）

（2）《幸福感脸型评尺量表》（Andrews & Withey，1976）

3. 分析工具

采用 SPSS11.5 软件包处理。

（三）对实验性示范性高中高三学生主观幸福感预备问卷的项目分析

探索性因子分析（EFA）中，KMO 指标为 0.851，Bartlett 球形检验统计量为 9056.557（Df = 2346，p = 0.000），说明数据群的相关矩阵间有共同因子存在，适合进行因子分析。

采用因子分析和逻辑分析相结合的方法，对"实验性示范性高中高三学生主观幸福感预备问卷"所含的 68 个项目进行项目分析。项目分析采用逐步排除法，排除项目的标准如下：

① 该项目的临界比率值（CR 值）未达 0.01 显著水平；

② 该项目的题总相关小于 0.20；

③ 被试在该项目上得分与其在幸福感脸型评尺量表上的得分相关不显著；

④ 该项目的因子负荷小于 0.40；

⑤ 该项目的排除可以导致公共因子的明显减少；

⑥ 该项目虽然对同一公因子影响显著，但在逻辑上明显与其他项目不属于同类；

⑦ 该项目的排除可以明显提高在同一公因子下各项目的内部一致性。

按照上述方法反复进行排除，并采用主成分分析法（principle components）和方差最大正交旋转法（varimax），对被试在"实验性示范性高中高三学生主观幸福感预备问卷"各项目的得分进行探索性因子分析，获得特征根大于1的七个公共因子，其累积方差贡献率为62.366%，分别命名为生活意义体验、积极同伴关系体验、自我掌控体验、良好亲子关系体验、压力适度体验、自我满意体验、知足充裕体验，形成该测验的七个维度（见表2）。

表2 经方差极大正交旋转后的一阶因子载荷矩阵

原题号	生活意义体验	积极同伴关系体验	自我掌握体验	良好亲子关系体验	压力适度体验	自我满意体验	知足充裕体验
A39	0.772						
A68	0.710						
A46	0.683						
A36	0.650						
A43	0.629						
A44	0.561						
A51		0.763					
A50		0.728					
A53		0.717					
A16		0.598					
A33		0.563					
A25		0.467					
A62			0.735				
A38			0.734				
A11			0.657				
A29			0.645				
A63			0.635				
A32				0.806			
A24				0.799			
A47				0.689			
A1					0.767		
A22					0.742		
A17						0.758	
A18						0.698	
A58							0.899
A57							0.590

（四）实验性示范性高中高三学生主观幸福感预备问卷的信度与效度

经检验，实验性示范性高中高三学生主观幸福感预备问卷的内部一致性系数为 0.8759。这表明问卷具有良好的同质信度。探索性因子分析的结果表明问卷具有较好的结构效度。问卷是在结合了开放式问卷及访谈的基础上，参照几种常用主观幸福感量表编制而成。施测之前做过小范围的个别访谈，对表述不清、难于理解或有歧义的项目进行了修改或删除，并请专家作了最后的审定，整个编制过程严谨，确保了问卷的内容效度。

（五）讨论

将实验性示范性高中高三学生的主观幸福感，从生活意义体验、积极同伴关系体验、自我掌控体验、良好亲子关系体验、压力适度体验、自我满意体验、知足充裕体验七个维度来加以把握，部分地验证了对实验性示范性高中高三学生主观幸福感测量指标体系的初步假定。这些维度既包含了国内外已有研究所涉及的一些重要方面，也体现了我国文化背景下高三学生的一些特色，如压力适度体验和知足充裕体验。在这七个维度基础上形成的"实验性示范性高中高三学生主观幸福感预备问卷"也被证实具有较好的测量学特性。但总体来看，整个问卷在各个维度上分布不均匀，部分维度上的测题未达到三个，尚需进一步加以完善。

五、《实验性示范性高中高三学生主观幸福感量表》的编制

（一）研究目的

对"实验性示范性高中高三学生主观幸福感正式问卷"所含的 42 个项目进行探索性和验证性因子分析，确定实验性示范性高中高三学生主观幸福感的结构。

（二）研究方法

1. 被试

根据上海市教委 2005 年公布的 39 所实验性示范性高中一览表（不含此前抽取的五所学校）随机抽取六所实验性示范性高中，共 1174 名高三学生。采取以自然班为单位的集体施测。共发放问卷 1260 份，回收 1183 份，

获得有效问卷 1174 份，回收率为 93.9%，有效率为 99.2%。表 3 是样本的构成情况。

表 3　样本的构成

变量	变量含义	人数	缺失值	百分比（%）
性别	男	445	8	37.9
	女	721		61.4
文理科	文科	574	7	48.9
	理科	593		50.5
学校所属区域	市区	517		44.0
	郊区	657		56.0

2. 研究工具

实验性示范性高中高三学生主观幸福感正式问卷。

由于预备问卷在各维度上项目分布不够均匀，正式问卷在预备问卷经过项目分析筛选后的 26 道题基础上，增加了 16 道题，其中，自我满意维度增加的三个项目参考了罗森伯格的自尊量表（RSE）。这样，问卷共包含七个维度，每个维度下都有六个项目，共 42 个项目（由于样本涉及的是正在备考的高三学生，客观上要求完成问卷的时间要尽量压缩，所以在研究上不得不对问卷的项目数作出限制）。

3. 分析工具

采用 SPSS11.5 软件包和 LISREL8.80 软件包处理。将所获得的 1174 份有效问卷根据样本的代表性分为两半，分别进行探索性和验证性因子分析。

（三）实验性示范性高中高三学生主观幸福感正式问卷的探索性因子分析

EFA 中取样适当性 KMO 的指标为 0.898，Bartlett 球形检验统计量为 9473.060（Df = 861，p = 0.000），说明数据适合进行因子分析。

采用因子分析和逻辑分析相结合的方法对"实验性示范性高中高三学生主观幸福感正式问卷"进行项目分析。项目分析采用逐步排除法。

经反复排除，得到由 24 个项目构成的《实验性示范性高中高三学生主观幸福感量表》。采用主成分分析法、方差最大正交旋转法，对被试在量表上的得分进行探索性因子分析，获得了特征值大于 1 的六个公共因子，其累积方差贡献率为 59.620%，分别命名为良好亲子关系体验、自我掌控体验、积极同伴关系体验、生活意义体验、自我满意体验、成绩焦虑感适度体验（见表 4）。

表 4　经方差极大正交旋转后的一阶因子载荷矩阵

| | Component | | | | | |
	良好亲子关系体验	自我掌控体验	积极同伴关系体验	生活意义体验	自我满意体验	成绩焦虑感适度体验
A26	0.838					
A19	0.806					
A24	0.669					
A41	0.632					
A33	0.629					
A10		0.706				
A27		0.691				
A18		0.680				
A20		0.620				
A36		0.618				
A8			0.758			
A12			0.750			
A2			0.729			
A31			0.655			
A22				0.774		
A37				0.702		
A23				0.693		
A16				0.671		
A38					0.803	
A6					0.767	
A34					0.741	
A15						0.780
A5						0.683
A25						0.670

（四）《实验性示范性高中高三学生主观幸福感量表》的信度与效度

经检验，《实验性示范性高中高三学生主观幸福感量表》的内部一致性系数为 0.8638，各分量表的内部一致性系数分别为："良好亲子关系体验" 0.8420，"自我掌控体验" 0.7450，"积极同伴关系体验" 0.7574，"生活意义体验" 0.7635，"自我满意体验" 0.7416，"成绩焦虑感适度体验" 0.6156，表明问卷具有良好的同质信度。通过探索性因素分析（EFA）获得实验性示范性高中高三学生主观幸福感的 1 阶六因子结构（见图 3），但因子结构模型的构想效度如何，仍需采用验证性因素分析（CFA）进行检验。一般认为，如果 RMSEA 在 0.08 以下（越小越好），NNFI 和 CFI 在 0.9 以上（越大越好），所拟合的模型就是一个"好"模型。[96] 本研究中的 RMSEA 值为 0.069，NNFI 的值为 0.94，CFI 的值为 0.94，三个主要的拟合指数均达到了较为理想的水平，表明该量表具有较好的构想效度。

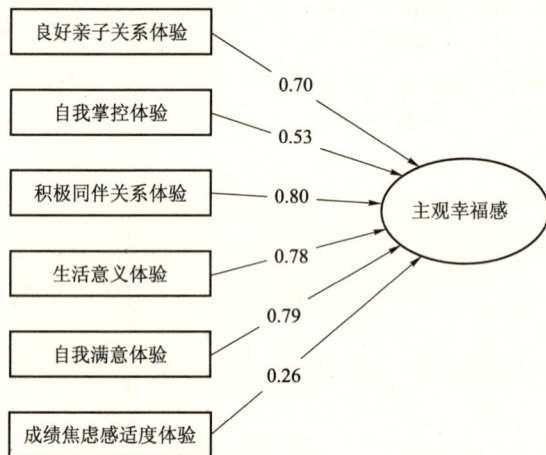

图 3　实验性示范性高中高三学生主观幸福感模型

（五）讨论

本小节对实验性示范性高中高三学生主观幸福感构成的分析，将知足充裕体验合并到了生活意义体验中，说明与成年人的主观幸福感结构（见《中国城市居民主观幸福感量表》）相比，高三学生在一定文化传统的影响下，多少具有知足常乐的倾向性，但作为蓬勃向上的青年人，这种知足体验还不足以构成一项独立的测量指标。此外，成年人主观幸福感一个重要指标——身体健康体验，在高三学生幸福感的结构中也没有得到体现，这可能一方面由于十七八岁正是人生身体健康状况最佳时期，未能引起学生更多的关注；但另一方面也反映了学生健康意识的淡薄，而这可能是导致国内学生身体素质较差的一个根本性原因。[97]

从模型的因子荷载上看，学生主观幸福感的构成较为真实地反映出了高三学生处于青年早期的心理发展状况。虽然面临着高考，学生的主观幸福感多少会受到一定学习压力的影响，但成绩焦虑适度感的效应并不像想象中那么显著（因子荷载仅为 0.26）。相反，"积极同伴关系体验"、"自我满意体验"、"生活意义体验"对实验性示范性高中高三学生主观幸福感都有非常显著的正向影响（因子荷载分别为 0.80、0.79、0.78），这表明虽然高考是重要的，但是作为 17—19 岁的青年人，高三学生对于"我是一个什么样的人"、"生活的意义是什么"以及"如何与同学和朋友友好相处"等问题的思考如果不能够得到满意的答案，其主观幸福感将会受到极大的影响。

根据本问卷的研究理论，个体主观幸福感所体现的是对幸福之期待（亦即个体幸福观念）的实现。从实验性示范性高中高三学生主观幸福感的六个维度来看，高中生对幸福的期待主要集中于两大方面。一是和谐关系。正如费孝通在《乡土中国》中谈到的，中国人的社会关系犹如投石激起的水晕，由己为中心逐渐推及出去。[98]高三学生对幸福的理解也是由与己的关系（自我满意），扩展开来与至亲的关系（亲子关系），与朋友的关系（同伴关系），最后推及到与社会的关系（生活意义）。但是，我们注意到师生关系，作为学生学习生活中的一对核心关系，在学生对和谐关系的期待中是完全缺失的，可见教师的工具化已经使传统文化中原本形同父子的师生关系变得相对淡漠了。二是自主体验（包括自我掌控和焦虑感适度体验）。高三学生正处于青年早期，大部分学生刚刚步入或者即将步入成年，伴随着青年期的到来，自我意识的发展进入了一个全新的阶段，一个质变的时期。这个时期的青年学生自认为已长大成人，要求独立自主，对来自家长及其他成年人的监督和约束比较反感，希望按照自己的意愿来安排学习和生活，因而倾向于将自主体验视为个人幸福的基础。

至此，《实验性示范性高中高三学生主观幸福感量表》已经形成。该量表包含了24个项目，由六个分测验组成，具有良好的测量特性，可作为研究实验性示范性高中高三学生主观幸福感的有效工具。

第二节　学生主观幸福感现状及影响因素初探

一、实验性示范性高中高三学生主观幸福感现状

为了能够对学生主观幸福感进行比较，本研究根据常态概率曲线，将实验性示范性高中高三学生主观幸福感的得分分为五个等级。数据分析显示，大多数学生的主观幸福感都集中在中等水平上，没有幸福感程度极高的被试（见表5）。不过值得注意的是，在整个样本中，却有一定比例的被试幸福感程度极低。

表5　实验性示范性高中高三学生主观幸福感现状

幸福感程度	分　值	人　数	占总数的百分比
极低	＜24	8	0.7
较低	24—48	161	13.7
中等	48—72	841	71.6
较高	72—96	164	14.0
极高	＞96	0	0

进一步分析主观幸福感各维度得分的分布情况（见表6），发现高三学生主观幸福感各维度得分也都集中在中等水平，除了成绩焦虑感适度体验处于中等偏下的水平以外，其他各维度均属于中等偏上水平。但是，与其他维度不同的是，成绩焦虑感适度体验中没有程度极低的被试，相反，却有相当比例的被试达到了极高的水平。

表6　实验性示范性高中高三学生主观幸福感各维度分布情况

维　　度	水平（%）				
	极低 （＜4）	较低 （4—8）	中等 （8—12）	较高 （12—16）	极高 （＞16）
良好亲子体验	4.9	17.3	46.4	31.4	
自我掌控体验	2.9	25.0	42.9	29.2	
积极同伴关系体验	3.9	15.8	55.7	24.5	
生活意义体验	4.8	14.8	55.2	25.2	
自我满意体验	3.7	20.2	45.6	30.5	
成绩焦虑感适度体验		26.0	52.1	18.2	3.7

　　现将《实验性示范性高中高三学生主观幸福感量表》各分测验高分者的特征描述如下：

　　◇ 良好亲子关系体验——高分者与父母在一起感到很好沟通、非常愉快，家庭氛围比较民主；

　　◇ 自我掌控体验——高分者有良好的自我空间体验，能够自由支配自己学习和休闲的时间，对自身的发展能够较独立地作出自我决定；

　　◇ 积极同伴关系体验——高分者与同学相处融洽，与朋友在一起感到非常愉快，并且较容易与同龄人建立友谊；

　　◇ 生活意义体验——高分者对自己的生活相对满意，有一定的社会责任感，乐于助人；

　　◇ 自我满意体验——高分者相信自己拥有许多好的品质，对自我感到非常满意；

　　◇ 成绩焦虑感适度体验——高分者不会因为自身的成绩而感到自卑，也不会因为即将临近的高考而感到焦虑不安。

二、实验性示范性高中高三学生主观幸福感影响因素分析

　　由于学生主观幸福感的影响因素较为复杂，为了方便进行分析，将其分为内在因素（性别、成绩和文理科）和外在因素（学校、学校所在区域和父母学历）。对学生主观幸福感内在因素进行单因变量多因素方差分

析表明，学生主观幸福感的成绩主效应极其显著（$F = 14.478$，$p <$ 0.001），性别以及成绩与性别的交互作用显著（$F = 6.138$，$p = 0.013 <$ 0.05；$F = 2.998$，$p = 0.018 < 0.05$）。

　　将学生成绩分为五个等级，从 5.00 到 1.00 分别代表优等生、中等生、中下等生和后进生，并对不同成绩高三学生主观幸福感作多重比较（如图 4 所示），发现不同成绩间学生主观幸福感差异显著（$F = 20.873$，$p < 0.001$），且与其学业成绩成正比，成绩越高主观幸福感越高。优等生与中等生之间的幸福感差异非常显著（$p = 0.008 < 0.01$），与后进生、成绩中下学生之间的幸福感差异则达到极其显著（$p < 0.001$）的水平。

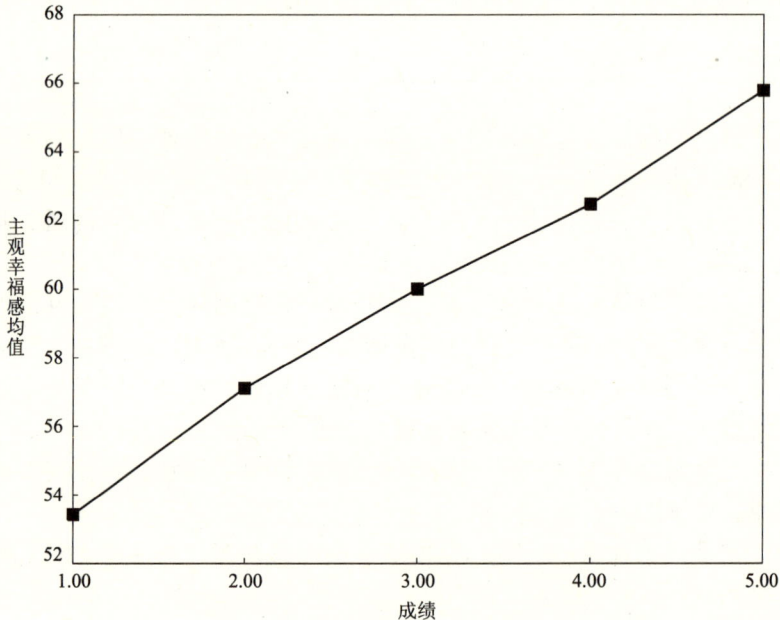

图 4　不同成绩高三学生主观幸福感

　　从个人（成绩）、家庭（父母学历）及学校（不同学校）三方面对各分量表进行多因素方差分析，发现成绩对实验性示范性高三学生各项体验（除良好亲子关系体验外）的主效应均非常显著，且呈现各项体验得分均与学业成绩成正比（除积极同伴关系体验表现为成绩中等的学生得分最高以外）。

　　进一步分析性别差异（见表7），t 检验表明男生和女生除了在积极同伴关系体验和自我满意体验上的得分差异未达到显著水平以外，二者在总量表和其他四个分量表上的得分差异均达到显著水平。男生主观幸福感较低（男生得分58. 351 ± 12. 41，女生得分60. 580 ± 11. 01）；除成绩焦虑感适度体验（男生得分10. 400 ± 3. 097，女生得分9. 755 ± 2. 917）外，男生在亲子关系体验（男生得分9. 2869 ± 3. 354，女生得分 10. 418 ± 2. 677）、自我掌控体验（男生得分9. 716 ± 3. 183，女生得分10. 169 ± 2. 875）、生活意义体验（男生得分9. 563 ± 3. 364，女生得分 10. 252 ± 2. 727）均低于女生。

表7　男生和女生主观幸福感得分多重比较的 t 检验结果

因变量	总量表	良好亲子关系体验	自我掌控体验	积极同伴关系体验	生活意义体验	自我满意体验	成绩焦虑感适度体验
均值差（男比女）	− 2. 2623	− 1. 1319	− 0. 4533	− 0. 3664	− 0. 6887	− 0. 2675	0. 6456
显著性水平	0. 002	0. 000	0. 014	0. 052	0. 000	0. 162	0. 000

　　成绩与性别的交互影响显著（$F = 2.998$，$p = 0.018 < 0.05$），且从图5中可以看出当学业成绩处于中上水平的时候，成绩与性别的交互影响更为显著，尤其当学业成绩很高的时候，女生的主观幸福感明显比男生高；当学业成绩处于中下水平时，女生的主观幸福感则有略低于男生的趋势。

　　对学生主观幸福感外在影响因素进行单因变量多因素方差分析，发现除不同学校之间学生幸福感差异非常显著（$F = 4.182$，$p = 0.001 < 0.01$）以外，父母学历以及学校所在区域（郊区/市区）所带来的幸福感差异均不显著。进一步分析不同学校高三学生主观幸福感各维度之间的差异，单因素方差分析结果（见表8）表明不同学校高三学生在自我掌控体验和生活意义体验的得分差异非常显著，良好亲子关系体验和成绩焦虑感适度体验也达到了显著性水平，但在积极同伴关系体验和自我满意体验上的得分差异并不显著。

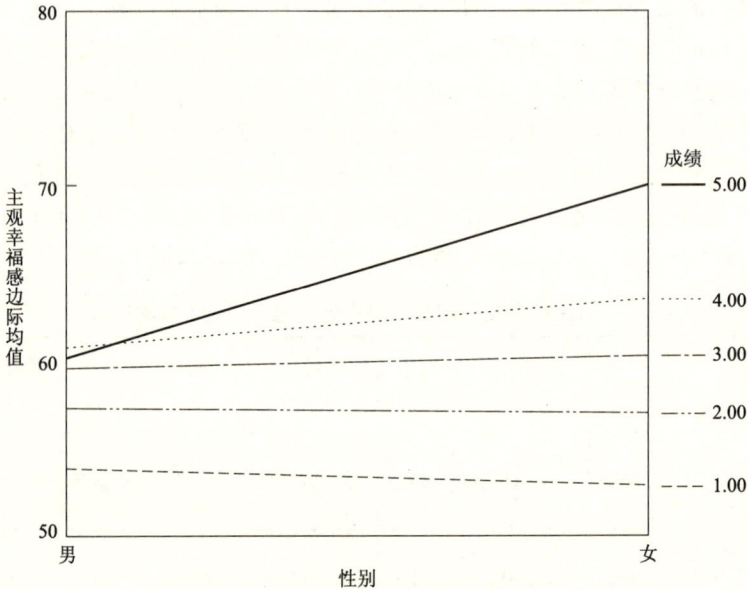

图 5　男女生主观幸福感边际均值

表 8　不同学校高三学生主观幸福感各维度单因素方差分析结果

因变量 （各学校）	良好亲子 关系体验	自我掌 控体验	积极同伴 关系体验	生活意 义体验	自我满 意体验	成绩焦虑 感适度体验
F	2.279	5.658	1.724	3.904	1.572	2.699
Sig.	0.045	0.000	0.126	0.002	0.165	0.020

三、分析与讨论

（一）实验性示范性高中高三学生的主观幸福感属于中等略偏下水平

这一结论与国内已有研究中青少年生活满意度属于中等偏上水平的结

论[99]略有不同，但出入不大①。说明不论从幸福感的认知和情感方面出发，还是从幸福感的经验对象出发，国内青少年主观幸福感整体上水平不低。这一点与针对成年人的跨文化主观幸福感研究结论基本相符，反映了中国文化特有的中庸态度②。

从高三学生主观幸福感各维度得分的分布情况来看，成绩焦虑感适度体验属于中等偏下水平，比较符合高三学生的实际情况。数据显示，在成绩焦虑感适度体验中没有程度极低的被试，这可能存在两种不同的情况：一是高三学生即将面临高考，必然会感受到一定的学习压力，但是这种压力并没有人们想象的或渲染的那么大；二是高考的压力确实很大，但学生在日常的学习生活中已经对此感到麻木或适应了。另外，有一定比例学生成绩焦虑感适度体验极高也存在着两种可能性。一种是学生已经通过其他渠道（如加分、保送或提前录取）回避了高考，因而也就无所谓压力问题了。另一种可能性则在于学生自身的定位，当个人定位不是很高，并且完全处于自己的能力范围之内时，压力也会相对减小。

（二）成绩、性别以及成绩与性别的交互作用对学生主观幸福感的影响显著

数据分析显示，文科学生与理科学生主观幸福感差异并不显著，但学生主观幸福感受学业成绩影响显著，且各分量表得分均与学业成绩成正比（除积极同伴关系体验表现为成绩中等的学生得分最高以外）。总体上看，学习成绩越好，幸福感、自我满意感、自我掌控感越高，同伴关系越好，对成绩的焦虑感越低，越能感受到生活的意义。这表明如果学校对学生的评价过于单一，将导致学生其他方面的发展都可能会由于成绩的原因而受到严重的忽视与压制。当然，也不能排除有相当比例的学生，在高一、高二年级不是很努力，到了高三才开始用功，在成绩上较为急功近利，进而影响了幸福感的各个方面。

---

① 还可参见其他相关文献，如：岳颂华，等. 青少年主观幸福感、心理健康及其应对方式的关系 [J]. 心理发展与教育，2006（3）：97/石国兴，杨海荣. 中学生主观幸福感相关因素分析 [J]. 中国心理卫生杂志，2006，20（4）：241/赵淑媛. 重点高中学生主观幸福感的现状调查 [J]. 中国特殊教育，2006（3）：61.

② 参见第一章第二节中"不同文化视域下的主观幸福感存在显著差异"的相关内容。

　　从国内相关的测量研究来看，无论是针对成年人和老年人①，还是针对青少年的研究②都表明，性别因素对各年龄段主观幸福感的直接影响并不显著，本研究得出的结论则有所不同。性别差异 t 检验结果表明男生主观幸福感明显低于女生。从学生主观幸福感各分量表的性别差异分析来看，男生在亲子关系体验、自我掌控体验和生活意义体验均低于女生。之所以出现这种性别差异模式，可能与社会文化对男性的角色期待有关。"天行健，君子以自强不息。"阳刚之气被认为是男儿的本色。尽管随着社会的发展，有关性别角色的固有观念正在发生着变化，但社会普遍要求男性要刚强、独立、进取。因此，体现在男女差异上，男性显得比女性更多地关注周遭社会与自我发展，对外在的管束反抗性较强，且具有较低水平的自我表露。而在学校的环境中，尤其是高三阶段，人们对成绩的重视可能使男生在上述几方面的心理要求在一定程度上受到了压抑，从而导致了体验水平的降低。

　　但是，男生的成绩焦虑感适度体验却明显高于女生。从成绩与性别的交互影响来看，女生的主观幸福感受学业成绩的影响较大，尤其当学业成绩处于优异水平时。说明女生比男生更看重学业成绩，或者说对整个学校教育的游戏规则采取了更积极的认可态度。而这种认可也在一定程度上解释了为什么女生感受到更大的学习压力，进而降低了其成绩焦虑感适度体验。

（三）　学校对学生主观幸福感的影响显著

　　统计表明，父母学历以及学校所在区域（市区/郊区）对学生主观幸福感的影响不大，但是对学校本身的影响却十分显著。通常情况下，市区与郊区发展水平和居民文化水平有所不同，可能会在一定程度上影响到学生的主观幸福感。但就上海市而言，经济发展水平较高、社会价值观日趋多元化，而且进入实验性示范性高中行列的学校，不论郊区学校还是市区

---

① 参见：邢占军. 测量幸福：主观幸福感测量研究 [M]. 北京：人民出版社，2005.

② 参见：岳颂华，等. 青少年主观幸福感、心理健康及其应对方式的关系 [J]. 心理发展与教育，2006 (3)：97.

　　张兴贵，等. 青少年人格、人口学变量与主观幸福感的关系模型 [J]. 心理发展与教育，2007：23 (1).

学校，都经过了非常严格的评审过程，在硬件、软件及教学质量上均已达到了国家的评定标准，理论上不会导致学生幸福感的显著差异。不过，由于各区评定的实验性示范性高中数量不同，使部分学校不得不面对其所在区域各实验性示范性高中排名的问题。中国有句老话讲："宁做鸡头，不做凤尾。"这种差序格局的意识，必然使排在后面的学校，无形之中感受到更大的压力，而这种压力也会自然地影响到老师、家长和学生，从而降低学生的主观幸福感。统计分析中，学生在自我掌控体验、成绩焦虑感适度体验以及良好亲子关系三个维度上的得分学校差异显著，为此提供了一定程度的佐证。另外，学校的影响也可能来自于不同的学校文化。每个学校的教育理念及价值目标都会有所不同，有的学校侧重学习的结果，有的侧重学习的过程，必然会产生学生主观幸福感的学校差异。

从不同学校学生主观幸福感各维度单因素方差分析上看，积极同伴关系体验和自我满意体验受学校的影响较小，在一定程度上体现了高三学生自我意识发展的共同性。青年期是一个自我意识获得深化的时期，其特征是把原来主要指向外部的认识活动，转向自己的内心世界。[100]147-148这一时期的青年学生对经常与之交往的家长和老师，会产生一种心理上的距离感，并更多地倾向于从同伴当中获得心理支持及自我认可。

本 章 小 结

实证研究的结果基本拒绝了前期的研究假设。从上海市实验性示范性高中高三学生幸福感的构成来看，作为学习压力主要压力源的成绩焦虑和课业负担，只有前者形成了一项独立的幸福感指标，但效应并不显著。受社会普遍关注的课业负担，只是部分地反映在学生的自我掌控体验指标当中，说明上海市高中生虽然可能会因为升学压力较小而体验到较高的成绩焦虑适度感，但这一点并没有在很大程度上提升学生的幸福感。同样，课业负担对学生幸福感的影响，是以学生的自由意志是否受到压制为先决条件的，因而并不表现为负担越轻，幸福感越高。可见，影响上海市高三学生主观幸福感的主要因素，更多是来自于其作为成长中的青年人的共性，而非其作为个别城市居民的特殊性。由此，我们得出以下两个结论：(1) 学习压力不是构成学生主观幸福感的一个主要维度；(2) 学习压力对学生幸福感具有一定的负向影响，但效应并不显著，说明认为影响学生幸福感的主要因素是学习压力的想法是缺乏依据的。

此外，学生幸福感的构成还表明，学生对幸福的理解主要集中于和谐关系与自主体验两个方面，前者部分地体现了传统文化的影响，后者则更多反映了青年早期的心理发展状况。但是，作为成年人主观幸福重要指标的身体健康体验，在学生的幸福感结构中没有得到体现，也从一个侧面反映了学校与家庭健康教育的缺失。另一个值得关注的问题是师生关系在学生和谐关系中的缺位，表明工具化的师生关系正在抽离师生之间的情感因素，使学校教育越发远离了"育'人'"的主题。

对学生主观幸福感现状的分析发现，性别差异与学校差异对学生主观幸福感的影响显著，尤其是学业成绩对学生主观幸福感的影响。成绩好的学生各项体验指标均高，成绩不好的学生各项体验指标均低（除良好亲子关系体验外），可见在一切以成绩为标准的学校评价体系中，部分学生所承受的心理压力是一个不容忽视的问题。人是一个多层次的生命体，学生不只是一个"学习"的人，而是一个完整的生命体的存在。

第四章　学生幸福观念及幸福现状分析

引　言

　　本研究对上海市实验性示范性高中高三学生幸福感的结构、现状及影响因素进行了量化研究及初步的分析。研究结果显示，在构成学生幸福感的六个维度中，成绩焦虑感适度体验对学生主观幸福的影响最小，而且学生的主观幸福感明显存在着学校和性别的差异。但是，量化研究以标准化问卷作为调查工具，无法兼顾个体的特殊性，对于幸福这样一个极具主观特性的概念来说，要进行更加深入的探讨必须采用与质性研究相结合的方法。为此，本研究在数据分析的基础上，选取学生幸福感差异最大的两所学校①作为案例，对两校中参加过问卷调查的学生，以及其中部分学生家长和班主任老师进行了访谈。

　　第一次访谈工作从 2007 年 5 月开始，到 7 月结束，主要采用非结构式访谈，前后共访谈学生 45 人（甲校 22 人，乙校 23 人），教师 10 人（甲乙两校各 5 人），家长 10 人（甲校 6 人，乙校 4 人），其中学生性别分别为男生 22 人，女生 23 人。第二次访谈自 2007 年 12 月到 2008 年 1

————————————

①　以下称为甲校（学生幸福感较高的学校）和乙校（学生幸福感较低的学校）。

月结束，主要追踪访谈过的学生，由于有考取外地的学生，有近一半的样本流失了，共访谈学生 25 人（甲校 11 人，乙校 14 人），其中男生 15 人，女生 10 人，主要采用半结构式访谈。

　　在两次访谈的基础上，本研究采用社会控制论的研究方法，结合相关的文献，对转型社会中学生的幸福观念、幸福现实，以及二者之间的差距进行了社会、文化的分析，以期多方位地展现当前基础教育过程中存在的一些现实问题，为教育与幸福的辩证关系提供理论和实践的论证。

第一节　学生幸福观念及其来源

一、学生的幸福观念趋同化

　　主观幸福感是多种幸福体验的集合①，而这些幸福体验的产生是由个体所持有的幸福观念所决定的。虽然对于大多数人来讲，幸福是一个极其模糊的字眼，很难用三言两语表述得清楚，但在每个人的心目中都有着对幸福不同的理解，因为"如果不去或不能追求幸福，生活就毫无意义"[101]143。那么，追求幸福首先就要回答"什么是幸福"。怀特海认为，经验世界是过程与实在的统一，从过程到实在一般需要经历三个阶段，即概念性感受阶段、情绪性感受阶段和命题感受阶段。[102]就幸福的实现而言，概念感受阶段就是个体心理系统对系统环境（社会、家庭及学校）信息输入的感知，这是对"什么是幸福"以及"如何实现幸福"的概念性接收阶段；情绪性感受阶段则由信息处理、记忆储存、信息输出和各种因果反馈机制的复杂的反馈环组成，整个过程伴随着个体心理系统自身特殊性的注入。两个阶段合称创造性的过程，即过渡，共同指向最后的命题感受阶段——满足了的实在（幸福的体验）。可见，幸福本身虽然是情感的而不是认知的，但人们对幸福的感受必定是以对幸福的认知为基础的，没有对幸福的概念性感受就不会有最终的幸福体验。因此，对学生的幸福观念进行分析，能够揭示（1）学生作为个体是如何在与其系统环境（家庭、学校和社会）的信息沟通中，不断调整并逐

––––––––––

① 参见第三章第一节中"问卷的研究理论"的相关内容。

步形成自身的幸福期待；（2）在个体幸福观念的形成过程中，哪一个系统环境起到的影响最大，以及这种影响的方向性（正向还是负向）；（3）学生所持有的幸福观念反映了一种怎样的社会文化环境，其所反映的教育问题是什么。

　　学生访谈资料的分析显示，高三学生的幸福观念比较趋同化，对幸福问题的回答大多集中在个体幸福这个层面，几乎没有人提及中观层面的民族/社会幸福和宏观层面的人类幸福。同时，就个体幸福而言，学生集中关注的是物质满足、精神满足和人际和谐，而对于精神满足，学生使用的高频词是"开心""快乐""没有烦恼""自由"以及"压力不要太大"。至于实现幸福的途径，学生的选择基本上倾向于有稳定的工作和收入。以下是在访谈过程中，甲乙两校学生针对"你认为什么样的生活是幸福的"这个问题所作的比较有代表性的回答①：

江阳：幸福就是找一份好工作，多挣点儿钱，生活美好，自由。

李姝：幸福就是压力不要太大，钱也不用太多，4000—6000元就够了。能够在娱乐中挣钱，生活不要太急，房子不一定要大，舒服就可以了。

陈萍萍：幸福就是心理上得到一点满足，精神上有成就感，物质上想要的东西能得到。

杜丽：人生的问题，没有太深刻的考虑，活得开心就好，不要太累。幸福就是有一点自己支配的空间。不要太被学校和现实的压力束缚。

李伟建：幸福就是每天开心，物质生活得到满足。将来的事，将来再说。

邵童：充实一点，每天过得值得。付出一些努力，朝自己的目标努力。梦想能有实现的一天，能考上大学。希望有能力使爸妈过得更好，退休后（出钱让他们）出国旅游，不用为我操心，住更好的房子，过比较满意的生活。

张彦：追求要有，但不能定太高，要在自己的能力范围内；对周围的人或事心要平稳，和谐相处，不要为小摩擦闹翻；记住别人对自己的好。

---

① 根据2007年5—7月的访谈整理，为保护学生的隐私，本研究中均用化名，其中江阳、邵童和张彦来自乙校，其他学生来自甲校。

　　学生比较关注人际和谐，希望将来有机会回报父母，一方面体现了中国文化以"和"为贵和孝顺父母的传统美德；另一方面也体现了传统的思维方式中自我的关系取向。对物质和精神满足的追求则又体现了学生的某种个人主义倾向性，由此不难看出传统和现代在学生身上的折中。但总体上，学生幸福观念的文化烙印还是比较明显的，对于幸福的理解仍然没有脱离中国文化中"福"的两层基本含义，即人伦关系和谐与财物丰厚。

　　学生在对幸福的认识上，普遍强调对物质追求的满足，从积极的一面讲，说明他们比较务实，而且很多学生并不是过分地追求奢华，对于大多数受访者而言，只要有足够的钱，生活上较为舒适就可以了，在这一点上我们必须承认学生是较为理性的。但是，在理性的背后却是对精神追求的相对匮乏。从人类历史发展的历程来看，青年人本应该是最充满理想、富于挑战、有抱负的一代，是推动国家和人类社会发展的生力军。而我们的访谈对象却往往将精神满足局限于"没有烦恼"，"没有压力"和"小有成就"上，是什么因素导致这些风华正茂的青年人，显得如此的老成而缺少青春的气息呢？对这个问题的回答显然需要从分析个体心理系统对幸福观念的接收和加工入手。

二、学校没有构成学生幸福观念的重要输入系统

　　从信息输入的角度来看，高中生幸福观念的主要来源有家庭、学校和社会，其中家庭的影响最为直接，而社会的影响则最为间接，主要通过家庭、学校和媒介来影响学生的幸福观。根据社会控制论，个体是一个进行复杂信息处理的行为者系统，而群体、组织、社团、集体、国家等则是行为者系统的集合，并在某些情况下构成更高水平的行为者系统①。就信息处理而言，群体知识和价值观可以被概念化为存储在个体行为者系统记忆中的共享知识。[49]因此，社会文化对学生幸福观念的输入虽然是间接的，但却是最深层的。所以，分析学生幸福观念的形成首先要从学生成长过程中的社会文化发展现状入手。

　　由于本研究的访谈对象主要出生于 20 世纪 80 年代末 90 年代初，所以我们的讨论至少要回溯到 90 年代中国经济改革的转型期。按照改革的

---

① 参见第三章第一节中"核心概念的界定"的相关内容。

力度划分，中国的经济改革历程至少跨越了两大阶段：（1）1979年至1993年，以非国有部门或计划外部分为改革重点的增量改革；（2）1994年至今，以建设社会主义市场经济为目的的全面改革。[103]45 从第一阶段开始初步明确改革的市场取向到第二阶段的整体推进，中国从计划经济到市场经济的转型，不是以革命的形式，而是以改革的方式进行的，这从保持社会稳定的观点来看，特别是在改革的初期阶段，具有明显的优点。[103]376 但是，由于中国推行市场经济是以提高效率为根本理由的，当追求效率最大化的时候，经济的快速增长，必然会导致贫富差异和经济上的寻租现象①，致使90年代中期以来中国的社会结构变得与80年代的社会结构截然不同，经济增长和社会发展之间开始出现了断裂：一方面是社会经济持续增长；另一方面则是社会贫富差异逐步拉大。[104]

　　根据上海市统计局公布的资料，1985年上海市人均国民生产总值为3855元，2004年为44727元，2005年为51474元；从家庭日常生活的开支情况看，上海的恩格尔系数在32.12%左右，已经进入生活比较富裕的阶段。但是调查资料同样显示，在经济增长、居民总体生活水平提高的同时，不同群体之间的差距是显而易见的，收入的两极分化和多数百姓收入偏低，已是一个亟待解决的社会问题。[105] 本研究中的受访对象正是在这种宏观"繁荣"和微观不景气的社会环境中成长起来的。他们中有的人经历了家庭生活在父母艰苦的奋斗下从拮据到富裕的转变：

　　我是1980年初中毕业的，后来考入中师，和孩子的爸爸是同学，都是学校里的尖子，双方父母都是农村户口，当时也算是跳出了农门。毕业后都在小学做老师，当时正赶上高中两年制换三年制，有两次高考的机会，很多同学考上了大学，还有出国的。自己做小学老师，很不甘心，就利用上班的时间进修，孩子爸爸考了成人高校。1990年镇政府招从事教育的公务员，由于教师本身就是干部，就调到了镇政府。现在街道工作。从物质条件上讲，孩子应该是幸福的，以前老少三代住30平方米的房子，

① 当政府运用行政权力对企业和个人的经济活动进行干预和管制时，市场竞争的作用便受到了妨碍，从而创造了少数特权者谋取超额收入的机会。根据国民经济学家J.布坎南和A.克鲁格的论述，这种超额收入被称为"租金"，谋求这种权力以取得租金的活动，即为"寻租活动"。参见：吴敬琏.当代中国经济改革［M］.上海：上海远东出版社，2004：69.

现在住 300 平方米，每个阶段有每个阶段的奋斗目标，发展速度很快，孩子也随着家庭的变化成长起来。小时候也很苦，每次出去只能买一样东西。①

也有的则正相反，由于父母学历水平较低，家庭生活水平随着父母下岗而急剧地下降：

"文化大革命"的时候，父母也不怎么管，我那时候连高中都没有上，没什么文化，也没学什么东西，就进了工厂，厂子没倒闭之前还好啦。前几年嘛下岗，家里就比较困难了，现在也没什么社会地位。我们读得不好，当然希望下一代读得好一点，找份好工作，有稳定的收入，最起码能够自己养活自己。②

尽管对于像上海这样一个经济处于上升期的社会而言，社会分化所引起的矛盾或许并不是很突出，而且官方统计得到的上海市居民收入差距的基尼系数也并未显示到警戒的数值，[106]但人们对于收入差距的急剧扩大依然具有明显的不平等感。这种感觉通过家庭生活的变迁，成年人的言论、及同龄人之间的比较，传输给了学生个体，使他们深感通过提高学历水平保持一定物质生活标准的重要性。

作为出生在 20 世纪 80 年代末 90 年代初的一代青年人，我们的研究对象所生活的时代，与前几代青年所截然不同的就是高度的物质化。这一代年轻人从小便生活在这样一个经济快速发展、贫富差距急剧拉大的社会环境中，其所看到的、听到的和亲身经历到的物质丰富与贫富悬殊是前几代青年所难以想象的。而他们的父母也在这场贫富悬殊的社会分化中，经历着青少年时期理想主义的破灭，转而强调个人在物质和精神上需求的满足。父母的这种人生态度对学生产生着深刻的影响。本届高三学生的父母大多出生于 50 年代末 60 年代初。成年后赶上社会转轨、下岗再就业、房改医改。在经历了 70 年代一元的理想主义，到 80 年代多元的剧变，再到 90 年代社会转型的阵痛，动荡使他们更倾向于追求"安稳"，比较看重物质实在，而且生活在上海这样一个消费型的社会里，人们也会很自然地认为生活质量就是物质消费满足的体现。所以，对孩子的教育也以物质满足

---

① 整理自 2007 年 5 月 22 日访谈笔记，受访者为甲校学生的家长。
② 整理自 2007 年 6 月 29 日访谈笔记，受访者为乙校学生的家长。

为主,不太关注孩子的精神需求:

　　我觉得人活着,最重要的是快乐。我总觉得没有必要追求什么很好很好的工作,什么很多很多的钱,这样没有什么意义的。爸爸妈妈总希望(我)考一所好大学,多挣点钱,他们觉得这样以后的生活才可能幸福,他们觉得物质生活还是很重要的。其实,我也不知道自己生活究竟想要什么东西。物质上的话,爸妈一般都会给,但是也没觉得很开心啊。感觉精神上我也不需要什么,给我买衣服这种要求我还是有的,但是给我创造更好的条件,我对他们没什么要求,像一些同学花钱出国学习什么的,我没有要求。平时看到好看的衣服也要他们帮我买。他们说我是一个很矛盾的人,我自己也觉得很矛盾。然后,学习上嘛,也不像很多同学,他们考得好就很开心那种,我觉得学习也不是很重要。谁知道,就是总是感觉好像没有什么很重要的事情。①

　　作为独生子女,本研究的受访学生从小就生活在父母的精心呵护下,即便在 20 世纪 90 年代中后期社会结构发生急剧转变的时候,家庭对于他们的物质需求也尽量满足。所以,对于他们来说,当物质生活达到一定水平时,任何向下的变化,都将会使人感到难以接受的。上述社会与家庭生活变迁、父母人生态度及教养方式都对我们的研究对象产生着深远的影响,共同构成了学生幸福观念的信息输入系统,使他们不约而同地将希望寄托于读书、考大学、找一份好工作,满足物质上的需求。

　　综上所述,学生所持有的幸福观念表明学生对幸福的认识是相对片面的。幸福是人的基本情感需求之间的相对平衡。按照霍恩尤格教授的划分②,学生对幸福的理解只反映出了客观需要维度中的舒适和物质满足感、安全需要维度中的爱和友谊(学生对人际和谐的追求多少可以反映出学生对爱和友谊的需要)、行动自由维度中的自由和效能需要维度中的成就感(这两点主要体现在学生对精神满足的需求上)。虽然,霍恩尤格教授的划分所体现的主要是西方成人的情感需求,无法反映中国传统文化和社会转型的客观影响,但是我们不能否认人类情感的复杂性和一些普遍的基本情感需求的存在,而学生的幸福认识只涉及了霍恩尤格教授划分的

①　整理自 2007 年 6 月 29 日访谈录音,受访者为乙校学生。
②　参见第二章第二节中"社会控制论视角下的幸福"的相关内容。

七个维度中四个维度的部分内容，从一个侧面说明学生对幸福的认识还不够全面。

此外，宏观层面的人类幸福和中观层面的民族与社会幸福在学生幸福观念中的完全缺失，与学校教育的反复强调显然是不相协调的。在访谈中我们了解到，学校教育除了正常的学习活动以外，也会安排一些雷锋活动日、义卖等社会活动，进行爱国主义和理想主义教育。然而，正如大多数访谈对象所一致认同的，从学校获得最多的，仅仅是学了一些知识和交了一些朋友。幸福观念的形成离不开日常生活中的耳濡目染，不是简单说教所能灌输的。如果上述活动不是仅仅浮于表面、走走形式的话，它的潜在影响应该是很大的，然而在学生现有的幸福观念中我们并没有发现这些影响。相反，在学生幸福观念的形成过程中，家庭生活的变迁以及父母的生活态度对学生的影响最大，而且这个影响多少带有一点负面性质，如强调物质满足和片面追求学历水平。学校教育则并没有像人们所期望的那样，成为影响学生幸福观念的一个重要且积极的输入系统。

第二节　学习压力感与学生主观幸福

一、学习压力不是影响学生主观幸福的重要因素

在调查研究中，我们将学习压力界定为由学习引起的心理负担和紧张，并认为造成学习心理负担和紧张的压力源主要表现为以下两个因素，即对成绩的焦虑（学生对考试/升学成绩能否达到自身、家长或教师的要求而产生的一种着急忧虑的情绪）和由于学业负担过重（包括课外作业量大、补课多、课内周课时总量大、加课、占用学生休息时间集体补课等）而产生的身心紧张状态[①]。研究结果表明作为学习压力主要压力源的成绩焦虑和课业负担，只有前者构成了学生幸福感的一项独立指标，而受到社会普遍关注的课业负担，只是部分地反映在了学生的自我掌控体验指标当中，但这个结论似乎并没有得到受访教师的认同。相反，受访教师普遍认为学生生活在高三的学习压力下是极其不幸福的：

---

① 参见第三章第一节中"核心概念的界定"的相关内容。

　　肯定不幸福，特别是高三。越到后来越要成绩，长时间下来任何人都会受不了，什么活动都没有，整个生活在压力下。很少有家长第一位关心学生的身心健康。学校、家长第一位关心学习。这都是社会转嫁给学校，再转嫁给家长的。考不上好学校，找到好工作的可能性很低。孩子没出息对家庭来说是一个沉重的负担。我们小时候读书很轻松，因为社会没有这个压力。考进实验性示范性高中的，家长百分之一百希望孩子考入重点本科。没办法，先考入高校然后再追求幸福吧。①

　　在访谈中，多数教师都认为学生的课业负担在很大程度上是外在的，其最直接的表现是来自家长的压力。一直以来，学生课业负担问题都是一个伴随着素质教育改革驱之不散的幽灵。在 2005 年和 2006 年连续两年的教育满意度问卷调查中均有近 3/4 的公众不满意学生的课业负担问题②。然而，由于转型社会中优质教育资源的稀缺性，导致了个体理性行为的非合作博弈，表现在教育实践中就是大家虽然普遍意识到了应试教育对学生的危害，但是出于对自己"负责"，仍然自觉或不自觉地选择"增负"策略以确保个人的收益[107]。在媒体和一些教育商人的大肆宣扬下，学校评比和家长的面子问题等社会环境的渲染之下，竞争被极度夸大了。为了不输在起跑线上，家长从小就开始为孩子谋划未来。一位孩子刚刚 5 岁的班主任老师无可奈何地说：

　　现在的学生从物质上，或大人满足他们来说，是幸福的。但是负担太重。我接儿子的时候，家长们在一起交流，就你学什么，他学什么，回去要学什么，好像在外面不学点儿什么就很不正常似的。③

　　国内教育中出现这样的学习风潮当然是有一定社会根源的。传统的身份意识与学校一元化的评价体系难免会导致教育上的功利主义。作为父母，没人真正愿意逼迫自己的孩子，但国内的独生子女政策，使很多家长感到在这一个孩子上教育的失败就是百分之百的失败，尤其在孩子成长的过程中社会竞争愈演愈烈，更是让人感到难以名状的危机感。况且，随着人们物质生活水平的普遍提高，别人孩子有的，我们也不差什么。所以，

---

① 整理自 2007 年 6 月 12 日的访谈笔记，受访者为甲校教师。
② 参见第一章第一节中"关于学校教育的一组调查"的相关内容。
③ 整理自 2007 年 5 月 31 日的访谈笔记，受访者为乙校教师。

父母之间互相攀比，无形之中就把沉重的负担压在了孩子们的身上，使他们感到不幸福也在情理之中。然而，学生的回答却是出乎意料的。高三学业压力重是一个不争的事实，但没有一个受访学生认为自己不幸福。相反，学生们普遍强调与父母、朋友相处较好，让他们感到比较幸福：

张彦：学校、家里两点一线，没有精彩丰富的生活，但同学间在一起时感到很开心，家庭也很和睦，故而没有大的失落烦恼，还是比较幸福的。

张黎：生活中能够学习、娱乐相结合，学习比较繁忙，但能够合理利用时间，使自己既得到放松又感到充实。生活中烦恼较少，与父母相处融洽，与同学友好相处，生活状态平稳，内心舒畅，觉得比较幸福。

陈峰：虽然学业的压力比较大，但是在家中父母对我关怀备至，把我当国宝大熊猫对待，学校中有同学可以一起学习交流，这些都可以减少我对生活的消极情绪，能让我积极乐观地面对生活。我的生活属于多云的天气。

杜丽：在长期的学习之余，反而会觉得很空洞。对以前喜欢的东西感觉有些提不起劲，觉得与世界似乎有些脱节。但是和朋友在一起的时候就很开心。①

　　认知评价理论认为，压力是人和环境之间的一种特殊关系。在这种关系下，人感到环境的需求已经超出了自身可以应付的能力，或者已经威胁到自身的心理健康，而在此过程中，来自环境的任何物理的或心理的需求则被称做压力源。[108]压力的积极面在于，适当强度的压力可以转化为个体前进的动力，但压力的消极面则容易使个体因为长期处于高压力环境下而产生健康问题，包括生理上的疾病和心理上的困扰。从以上四位同学的自述中，我们发现高三阶段的学习压力的确十分繁重，不过似乎并没有给学生的幸福感带来太多消极的影响。那么，学生作为当事人又是怎样看待学习压力这个问题的呢？我们不妨看看下面这位同学的自述：

　　其实学习的压力并不是真的很大，至少我是这样的，只是更忙了而已。而且，高三会很累，这已经被公认了，很早就有了这样的认识和准

① 整理自2007年5月至7月的访谈录音和笔记，张黎和杜丽来自甲校，其他学生来自乙校。

备，也就不会觉得不幸福了。还有，每个人都面临这个压力，所以也就不算什么了。[①]

可见，高三学习压力对学生幸福感影响较小，至少存在着三个原因。第一个原因主要来自于对学习压力的"适应"。对于大部分学生而言，从小到大就是在繁重的课业负担中成长起来，玩耍让位于学习的趋势从幼儿园阶段就已经初露端倪了，随着年级的升高，学习负担也在不断的加重，学生的"适应能力"也越来越强了。而这种"适应能力"主要体现在两个方面：一是产生麻木感；二是寻找其他的宣泄方式。麻木感是人对抗压力的一种自我保护。适度的压力可以使人的精力高度集中，但是当长时间处于高强度的压力下，人体就会产生自我保护。研究发现，当人们处于不能控制的压力条件下时，大脑中会激活一种 C 型蛋白质激酶，这种化学物质会影响短期记忆和大脑额叶皮层的其他功能，使人出现心不在焉、冲动和判断力下降等症状。下面这位同学的苦恼反映的正是一种压力麻木感：

我在做题的时候总是溜号，没法集中精力。考试的时候也是，一点儿也紧张不起来，有时候答答题就不想答了，总是感到注意力无法集中。[②]

第二个原因则来自一种心理平衡感。事实上人生的任何阶段都有压力存在，但像高考这样涉及人数之多，地域之广，历时之长（至少高三一年的时间，有的地区可能从升入高中甚至是初中、小学就开始了）的压力，恐怕在人的一生中也就只有这么一次了。所以有人讲，不参加高考的人生是不完整的人生。因此，对于身处其中的学生个体而言，远说全国每年近千万的同龄人，近说学校一个年级、一个班的同学，都面临着同一个压力，这多少让人感到一种心理平衡。这就像改革开放以前物质普遍匮乏，大家生活水平都差不多，没有人感到很不幸福一样，当大家都面临着同样的压力，并互相支持时，这个压力本身似乎也就没有那么大了。

最后，也是最重要的一个原因就是，考入实验性示范性高中就意味着选择了压力。正如前面那位同学所说的，高三的学习压力是公认的，不论家庭、学校和社会都在极力渲染着这个压力，而选择这个压力，显然在中

---

① 整理自 2008 年 1 月 6 日访谈录音，受访者来自乙校。

② 整理自 2008 年 5 月 31 日访谈笔记，受访者为甲校学生。

考的时候，就已经和家人达成了基本的一致①：

研究者：现在高考已经结束了，你都有什么打算呢？

李姝：嗯，是想玩一玩放松一下的，因为读了这么多年的书，一直憋着，其实都是做着自己不喜欢的事情。

研究者：你说这么多年一直在做自己不喜欢的事情？

李姝：嗯，也不是啦。就是说比起画画和读书，我觉得画画是我更希望做的事情。但是我现在已经选择了读书就要把书读好。所以，尽管不是很喜欢读书，但是也得读下去。

研究者：你是什么时候开始学画画的呢？

李姝：从很小的时候就开始了，我一直想考艺校，做漫画家的。

研究者：那么，是什么时候决定选择读书的呢？

李姝：大概就是在初三吧。我爸爸妈妈原来是打算让我报艺校的，没想到我的成绩那么好，觉得不考高中可惜了。

研究者：你也是这么想的吗？

李姝：爸爸和我谈过，我觉得他说的也有道理。

由此看来，选择考高中意味着学生已经将家长和教师的期望内化了。从心理适应的角度来看，如果压力是外在的（比如来自家长的一相情愿），个体在压力面前就会相对被动，并倾向于将压力视为一种无法忍受的负担，进而影响到自身的身心健康和主观幸福。但是，当个体将外在的压力内化为自身的要求时，他/她在压力面前便会主动地作出适当的调整来使自己逐渐适应，或寻找其他的有效途径来宣泄压力，比如运动、听音乐、聊天等。在这种情况下，压力本身对个体身心的影响就会相对减弱，因为个体已经做好了充足的准备，并且对压力过后的收益具有一定的期待性。从家长的访谈中，我们发现在高三阶段，多数父母并不像老师所想象的那样给孩子多大的压力，他们普遍担心孩子会因为压力过大而影响到高考，因此尽量不给孩子太多的压力，而把自身的殷切期望转化为无微不至的照料，努力搞好后勤，创造学习条件。学生自己也承认，所谓有压力主要来自对自己的不同要求：

班上有个男同学，以前不怎么学习，一进高三，好像一下子就成熟了

---

① 整理自 2007 年 6 月 27 日访谈录音，受访者为甲校学生。

很多，学习很拼命的。他说："现在努力就是要图一个字——无悔。"我觉得很有道理，也开始痛下工夫，有几次学到凌晨两点多。最后一次模拟考出了实力，在班级里排到第8名。①

对于上海的学生来说，升学不是很重要的问题，如果对自己的要求不是很高的话，升学不是问题。我身边一些人就很放松的，玩的时间很多，双休日玩电脑游戏什么的。有些同学本来就是很随意的，对学习不是很看重，考到哪里就哪里。②

综上所述，由于长期的处于压力之中，高三学生已经学会了"适应"，而且考入实验性示范性高中就意味着对所要面对的压力有了充分的认识和准备，加上上海市本身升学压力就比较小，所以学习压力没有构成样本学生幸福感的重要影响因素。然而，学生对学习压力的适应与内化，并不意味着高强度的学习压力给学生身心健康所带来消极的影响是不存在的：

每天就是做题、考试，考试、做题，作业的压迫与剥削，以及自己本身对于自由生活的向往与追求，让我的身心很"充实"，简直是有些负荷过头！③

虽然大多数学生并不是很在意因为备考而失去了多少娱乐或睡眠的时间，因为考大学是自己的选择和梦想，为这个目标而努力，无论怎样贪黑起早也是值得的。但是，学校紧锣密鼓的复习安排，使学生的生活"家校两点一线"，失去了色彩；题海的侵袭使学生普遍缺少自由支配自己学习的空间。这种高强度的紧张复习不可避免地掩盖了学生的许多心灵问题：

现在学生多是独生子女，物质条件好，吃不了苦，受不了挫折，女生这方面表现得更多一些。平时表现好像不在乎，就知道玩，上课睡大觉，一考试就会有心理问题，考一次，受一次打击。在平常交流中觉得他们蛮幸福的，和我那时候比，他们的物质条件和学习条件要好得多。不幸福也主要是精神方面的：父母管得太多，没有知心朋友。其实我感觉学生的幸

---

① 整理自2007年6月15日访谈笔记，受访者为甲校学生。
② 整理自2008年1月3日访谈录音，受访者为乙校学生。
③ 整理自2007年5月21日访谈笔记，受访者为乙校学生。

福在于多沟通，但是，实在是学生太多，没法都交流。四年前我有一个学生，平时看上去很放心的那种学生。高考结束以后自杀了，具体原因我不是很清楚，但我觉得主要是因为没有人关心他的内心世界。①

高中阶段作为青少年从儿童过渡为成人的关键期，其身心发育最为显著的特点是青年独立意识的明显增强。由于自我意识的发展，青年发现了自己的内心世界，发现了自己的秘密。他们一方面渴望人们了解自己，想与人交往，另一方面又怕别人知道自己的秘密，甚至是以前非常信任的父母、老师和同学，总是觉得缺少可以吐露真情的知心人。[100]149-150访谈中，大多数受访学生都认为他们家庭和睦、朋友之间相处愉快。但是，当被问到"你在心情低落的时候一般采取什么样的方式进行排解"时，选择沟通方式的学生是最少的，多数都会选择自我消化。有的听音乐，有的睡觉，有的哭，更有甚者用小刀划自己的手背，看着血往外渗。

人们往往认为学生除了学习的烦恼和压力以外还能有什么呢？其实不然，对于处于价值观形成期的青年学生，当今社会快速的变革和青春期生理、心理发展的需求都会构成成长过程中的压力源。在社会变革过程中，新的价值观念和传统观念的冲突，一元化价值体系向多元化的演变，社会变革所带来的生活方式的改变、生活质量的提高以及社会两极分化的加剧、失业的威胁等各种社会因素，往往会使他们感受到无形的压力和对生活的迷茫。同时，青春期自身生理、心理、社会性的发展需求，如第二性征的发展、与异性朋友的交往、与父母关系的重新审视、社交圈子的扩大等，这些都是中学生不得不面对的现实。[108]而所有的这些都在"学生的职责就是学习"的教育导向中，被有意无意地淡化了。

上述分析显示学生在高三阶段所谓的比较幸福，主要反映了学生主观幸福感结构②中良好亲子关系和积极同伴关系（有父母的爱和同学的友谊）两个维度，而自我掌控、生活意义和自我满意体验三个维度在学生对幸福的体验中是相对缺失的。由于缺乏应对压力的适当引导和心灵的沟通，学生倾向于追求生活没有压力和烦恼。可见，学生将幸福理解为"没有压力""没有烦恼"，正是学校教育只关注学习的必然结果。在学校

---

① 整理自 2007 年 5 月 22 日的访谈笔记，受访者为甲校教师。
② 参见第三章第一节中"实验性示范性高中高三学生主观幸福感量表的编制"的相关内容。

片面的应试教育下，书本学习成为学生生活的全部，而学生作为完整的自我也就迷失了。

二、自我的迷失——被学习压力遮蔽了的成长

根据社会控制理论，自我同一性是个体心理系统最为核心、稳定的整合知识，它为个体经历人生的种种变化提供了行为的连续性。青年期是个体自我同一性发展的一个质变时期。这时，在童年期原本完整的自我，便开始发生分化。自我意识的分化，标志着自我意识开始走向成熟，但同时也意味着自我矛盾的产生。[100]148-149访谈中我们发现有两句话在受访者中出现的频率很高，而这两句高频用语折射出了由于教育对认知的过分偏重所造成的学生的自我迷失。

（一）我没有什么长处

在社会控制理论的框架下①，个体被看做一个反思的和自我参照的心理系统，在这个心理系统下面有两个决策系统，即理性判断系统和情感系统。幸福是个体情感系统的相对平衡，要达到这种平衡，个体首先要建立系统内部与外部环境的和谐，形成自我同一性。因为，个体作为一个认知、评价和情感的系统，必须在确信自身价值和情感的基础上采取行动，亦即个体首先要认识自己、肯定自我，包括正确评价自己和在情感上接受自己。青年期是个体自我同一性发展的关键时期。在这个阶段，青年开始认识、理解和分析自己的内心世界，并围绕着"我是一个什么样的人""生活的意义是什么""我希望成为一个什么样的人"三个主题展开积极的自我思考。在这三个问题中，第一个问题是个体自我同一性发展的核心问题，对这个问题的回答，决定了对后面两个问题的回答。然而在访谈中，当我们要求受访学生对自己做一个客观的评价时，很多人却认为自己没有什么长处②：

李宾：我不怎么好看，也不算很上进，各科平平，也没有什么长处。

---

① 参见第二章第二节中"社会控制论视角下的幸福"的相关内容。
② 整理自2007年5月至7月访谈笔记及访谈录音，李宾、董亚萍为甲校学生，其他为乙校学生。

董亚萍：我是一个什么样的人？很正常的人吧，平凡，没什么长处，各科
　　　　都很平均。

徐尧：我呀，值得骄傲的地方不多，没有什么特别的长处，没得过什
　　　么奖。

于淼：我不太有自信，平时没什么太出色的表现，成功的不太多，成绩不
　　　是总能出众。

　　史蒂文·海涅（Steven Heine）和他的同事们曾做过一个有趣的实验，
他们要求部分加拿大学生和日本学生做一个所谓的创造力测验，并给予反
馈。[109] 研究人员暗中观察受试的反应，发现加拿大学生倾向于在自己做
得好的任务上花费更多的时间，而日本学生则倾向于在自己做得不好的任
务上花费更多的时间。这项研究反映出了东西方思维上的两种不同自我意
识：一种是自我欣赏；一种是自我改善。两种意识的培养体现在教育实践
中就是前者发现和鼓励优点，即所谓的赏识教育；后者指出缺点以利于改
进，即所谓的批评教育。

　　当然，西方教育并不是只表扬不批评，东方教育也不是只批评不表
扬，只是两种教育方式的出发点不一样。西方教育的出发点是承认个体的
多样性，肯定每个个体都有他/她自身的长处，教育就是要发现个体的长
处，并鼓励他/她去发扬它。而东方教育的出发点则是每个学生都应该成
为一个好孩子，要达到"好孩子"这个统一的标准，就必须及时发现他/
她的短处（缺点），并指正出来。教育所要达到的最高境界就是使个体将
外在的批评内化，转换为自我批评。在批评和自我批评的帮助下，缺点就
会越来越少，距离"好"的标准也就越来越近了，就如同欲使大树成材
必须及时砍掉枝丫一样。

　　批评教育存在的一个问题就是可能会造成对自我的压抑。青少年自我
同一性的形成，与外部系统环境的反馈是密切相关的，因为自我认同并非
与生俱来，它是个体在经验的基础上，通过不断地反思而获得的自我了
解，需要在成长过程中慢慢形成。作为青少年，学生的理性思维能力和对
事物客观评判的能力尚未得到充分发展，此时他们对自己行为判断的一个
重要标准就是来自他人的评价，尤其是来自最亲近的或是最权威的人的评
价，比如父母和老师。一个经常得到肯定的学生会感觉自己是有价值的、
有能力的。反之，则会形成一个矛盾的自我：

　　家里人评价我，可能他们实际上不这么想，但是他们讲出来基本上都是缺点大于优点，他们讲我很偏僻，很钻牛角尖，很没脑子的。他们在外面也有说我的优点，但是在家里有点放大我的缺点，我也不是很确定（自己到底优点多还是缺点多）。①

　　批评教育的另一个问题就是评价标准的问题。到底什么是"好"的标准呢？

　　老师当然最看重成绩了，学校评三好学生都是以学习为主，成绩好就是老大！②

　　你看有些学生，平时玩呀，组织个活动什么的可积极活跃了，一到学习就啥也不是了。还有的学生钢琴几级、几级的，有什么用呀？③

　　可见，虽然现代教育一直强调学生德智体美劳全面发展，但在学校里智力成绩，即各科的综合成绩，仍然是评价一切的标准。这就意味着要达到"好"的标准，必须确保科科都好，避免出现偏科的现象。正像海涅（Heine）及其同事所做的实验一样，学生在学习过程中必须把更多的精力投入较为薄弱的科目上，而不是自己的强项：

　　以前对数学还蛮感兴趣的嘛，可是由于什么英语之类的比较差嘛，那总归要多放点时间在英语上面。然后，数学就做完作业就不顾了嘛。在学校里学习蛮不开心的，除了和同学在一起。④

　　以各科综合成绩作为评价的标准，最大的问题就是广度不能代替深度。尤其在高三阶段，如果青年学生不能够深入地了解并发展自己的兴趣，就会很难作出自己的人生规划。访谈中我们发现很多学生对自己报考什么专业没有明确的目的，其中有相当一部分的学生认为关键是考入什么学校，而不是什么专业。而有的同学虽然声称对某一专业很感兴趣，但实际上却对这个专业了解很少。《新闻晨报》2007年9月曾在上海市松江大学城的一个学生论坛上做过一项调查，结果显示在参与调查的同学中，有八成的学生称对自己所学专业不了解，其中两成学生表示，很不喜欢现在

---

①　整理自2007年6月26日访谈录音，受访者来自乙校。

②　整理自2007年6月20日访谈录音，受访者来自乙校。

③　整理自2007年6月12日访谈笔记，受访者为乙校教师。

④　整理自2007年6月29日访谈录音，受访者来自乙校。

的专业，表示喜欢自己专业的学生只占两成左右。[110]

　　造成这一局面的原因从表面上看，是学生在填报高考志愿时，过分倚重于家长，只看重分数入线的可能性和专业的热门程度。但深层上则是由于基础教育，尤其高中阶段，过于强调智力综合成绩，不注重培养学生的专科特长，致使学生的志趣受到严重压制。学生除了明确要考大学以外，对自己的发展方向一片茫然，所以只能将自己的决策权交给成年人或社会舆论。

　　综上所述，传统教育思维注重批评和自我批评，其教育的出发点不是承认并鼓励个体的多样性，而是通过发现和纠正个体的短处，以使其达到某一个统一的标准。在基础教育中，这个统一的标准就是学生智力的综合成绩。在这种教育思维的影响下，个体不得不放弃对自己兴趣和能力的发展，而把大量的时间和精力都投入应付课业和补习上，努力达到学校和家长所认同的标准。当一个青少年过于追求得到外在肯定时，他/她就无法建立起主动了解自我和探索世界的习惯并最终发现自我。然而，在青少年的成长中，还有什么比自我肯定更重要呢？如果一个青少年没有机会去认识自己和积极地发展自我同一性，他/她也就没有机会真正地长大。而一个没有机会长大的孩子是无法找到自己的幸福的，因为他/她从来也不知道自己到底需要什么。

（二）　我也不知道自己想要什么

　　美国心理学家埃里克森认为青年期自我意识发展的课题就是同一性的确立。根据埃里克森的观点，同一性的发展有四种状态：（1）同一性获得（identity achievement）；（2）同一性分散（identity diffusion）；（3）同一性排斥（identity foreclosure）；（4）同一性延缓（identity moratorium）。[100]151-152其中，同一性获得表明个体具有良好的自我调节和社会适应能力；同一性分散表明个体心智尚未成熟，对未来尚未认真思考过，还没有找到自己的目标和方向；同一性排斥表明个体缺乏主体意识，对个人的现实和未来，倾向于依赖他人，而不是自主选择；同一性延缓表明个体尚未建立起自己稳固的看法。其中，同一性获得是自我意识发展成熟的一个标志，同一性延缓表明个体正在寻找自我同一性，但还没有作出决定，因此也是一个具有一定积极意义的状态。但是，同一性分散和排斥却意味着个体无法获得对自我的一致见解，进而产生同一性混乱。从学生的高频用语中我们发现，受访学生处于同一性混乱状态的比例较高。"我也不知道自己想要什么"是学生使用得最频繁的一句话。在交谈中，我们发现学生普遍对生活有一种很矛盾的心理。一方面他们觉得自己的生活是幸福的，在物质上基本上要什么有什么，从小到大生长在蜜罐里，什么都有人给安排好，而另一方面却又不知道自己到底需要什么，活着到底是为了什么：

　　有时候，我觉得自己很幸福。毕竟，我有健全的身体，有疼爱我的父母，有要好的朋友，家境也还不错，自问从小到大未曾受过什么挫折。但也许正是因为没有受过任何挫折，所以不会去珍惜，（结果便是）不断地失去，不能体会通过自己努力获得的成就，没有明确的目标，觉得茫然，生活盲目，常常会陷入莫名的恐惧。①

　　青少年自我同一性的发展是自我意识趋于统一的重要体现，良好的自我同一性发展至少包括三个方面的体验：首先，他/她感到自己是一个独特的个体，虽然可能和别人共同完成任务，但是他/她是可以和别人分离的。其次，自我本身是统一的。自我有一种发展的连续感和相同感，现在的我是由童年的我发展而来的，将来我还会发展，但我还是我。最后，自我设想的"我"和自己体察到的社会人眼中的"我"是一致的。相信自己的目标以及为达到这个目标所采取的手段是能被社会承认的。[111]

　　然而访谈发现，学生在自我意识的发展过程中不同程度地出现了同一性混乱。青少年时期是从儿童走向成人的过渡期。这个时期由于生理的急剧成熟，使得青少年渴望像成年人一样独立自由，但在内心上还要求得到关爱和关注，再加上经济和生活上的依赖性，思考问题的不成熟性，使他们面对社会的要求开始感到恐慌，不能一时适应，对自己的角色感到迷茫，容易产生同一性混乱。当青少年处于同一性混乱状态中的时候，他/她往往很难确立明确的目的、需要和愿望，不知道自己将来会成为一个什么样的人，缺乏统一的感情和兴趣，或者干脆选择逃避，把自己的问题交给父母，让他们为自己作出选择，遵从他们的目标、价值观和生活方式思考问题。

　　心理学认为，自我意识统一主要表现为两方面的统一：一是自我认

———————————————

① 整理自 2007 年 5 月 21 日访谈笔记，受访者为乙校学生。

识、自我体验与自我控制各要素之间的统一；二是自我与外部世界的统一，即自我与客观环境、教育、社会发展的协调统一。这两方面统一又集中地表现为"理想我"与"现实我"的统一。[100]153 那么，如何才能完成自我同一性的健康发展并最终达到自我意识的统一呢？传统上，神经生物学认为，主体意识是大脑感官认知皮层（sensory cortex）和脑额叶前部与自我认识相关的皮层（self-related prefrontal cortex）之间交互影响的结果。有研究者将其形象地比喻为在脑的前部有一个"小人"（homunculus），观察着脑后部的认知。但以色列魏兹曼研究院神经生物学系拉菲马拉赫（Rafael Malach）教授领导的研究小组发现，当人全神贯注地接受外部认知任务时，大脑皮层中涉及自我认识的区域，会处于不活跃状态，甚至受到压制。[112]

马拉赫研究小组用核磁共振成像（MRI）系统进行脑功能扫描，通过测定血流和充氧变化，来描述大脑所处的活动状态。他们给受试者看一些照片，或听一小段音乐，并要求他们完成两种不同的任务：一个是"内省"，即要求受试内省照片或音乐片段所激起的情感反应；一个是"分类"，即要求受试者进行快速的认知，比如把图片按"兽类"和"非兽类"，音乐按"喇叭音"和"非喇叭音"分类。结果发现大脑自我认识区域，在受试者"内省"的时候，处于活跃状态。但是，当受试者全神贯注于外部认知任务时，这些区域的活性开始变得沉寂。说明大脑自我认识皮层并不参与人的认知活动，它只是个体反思感官体验，判断这些体验对自身的重要性，并向外部世界作出反馈的区域。

青少年期是大脑自我认识皮层趋于成熟的关键时期，所以发展自我意识首先就要给予大脑自我认识皮层足够的刺激，让它对认知体验进行不断地内省、判断并作出反馈。在教育中要为青少年创造在各种环境下、各种强度下的各种不同的认知体验，给他们充分的反省时间，并对他们所作出的反馈给予适当的引导。然而，我们学生的青年早期又是如何度过的呢？不妨看看下面这个同学的自述：

我觉得生活中大部分时间都在做自己不喜欢的事情。整天就是在学习，没有时间做自己想做的事情，比如像画画呀，弹琴什么的。以前学过画画，进入高中之后就没再画画和弹琴了。不上学的时候还要补课。……在学校里觉得压力很大，很累的。我觉得我讨厌读书，压力太大了，学习本来应该是生活的一部分，可是现在是生活的全部了，然后就会觉得很烦。一回家就做作业，做完作业就睡觉，就是生活就没有其他的东西了嘛。然后，双休日也是的，到了时间就要去补课，补完课就直接回家，然后做作业，就觉得好像什么都不是自己想干的，但必须去做。①

马拉赫小组的研究表明，人对自我的认识与对外界的认知在大脑皮层中是完全分离的两个活动模式，而且自我认识只有在自我沉思的内省中才会活跃起来，当外部的认知活动过于苛求时，自我认识则会处于抑制状态。[112]因此，青少年要完成自我意识的统一，达到自我同一性的健康发展，就必须激活脑额叶前部与自我相关的大脑皮层。遗憾的是，学生在高三阶段恰好最缺乏的就是内省：

学生放学以后，回去补课、做作业，别说娱乐的时间，可能连自己思考的时间都没有。时间长了可能就没有思考的习惯了。②

一方面是大脑皮层的迅速成熟，另一方面却是对大脑自我认识功能的压制，这势必导致学生的同一性混乱问题。在社会控制理论③中，自我同一性是平衡个体情感系统的核心概念。从系统信息储存的角度出发，事实知识是系统形成的关于外部世界的知识，规范知识则是系统形成的关于自身与外部世界的理性知识，而自我同一性则构成了系统的核心知识，它是系统对自身最本质的、最稳定的特性的知识。如果个体心理系统不能够充分地建立起这个关于自身的核心知识，他/她就将迷失自我，盲目地接受系统环境关于"什么是幸福"以及"如何实现幸福"的信息输入，不能明确自身的需要，也不清楚自己所要追求的幸福到底是什么。

本 章 小 结

幸福是过程与实在的统一。按照怀特海的说法，从过程到实在至少存在着三个阶段。第一个阶段是纯粹的概念接受阶段；第二个阶段是对概念的情绪性感受阶段；第三阶段就是满足了的实在。就幸福的实现而言，与

---

① 整理自 2007 年 6 月 29 日访谈录音，受访者为甲校学生。
② 整理自 2007 年 5 月 31 日访谈笔记，受访者为乙校教师。
③ 参见第二章第二节中"社会控制论视角下的幸福"的相关内容。

这三个阶段相对应的分别就是外界幸福观念的输入、个体幸福观念的形成和幸福的体验。本章在质的研究的基础上，通过对高三学生的幸福现状及其所持有的幸福观念的透视，深入地分析了学生幸福观念的输入和形成。

根据社会控制理论，个体是一个由理性判断（认知）系统和情感系统组成的、能够进行复杂信息加工的心理系统，而幸福就是个体情感系统的相对平衡。幸福本身的复杂性意味着幸福是由多个维度构成的，而每个维度下又有若干的情感指标。保持情感系统的平衡，就意味着哪一个维度及维度下面的情感都是不可缺失的，因为一种情感无法代替另一种，当然要达到情感系统的完全平衡也是不可能的，人们只能无限地接近。

对学生幸福观念的分析发现，学生的情感系统普遍处于一种极不平衡的状态。说明无论是系统环境的信息输入，还是系统的信息加工都存在着某种问题，致使学生对幸福的认识过于片面（只涉及了四个情感维度），对幸福的体验过于单一（只体验到了良好亲子关系和积极同伴关系）。进一步分析学生幸福观念的形成，发现社会文化环境为学生输入了人际和谐的幸福观念；社会变迁和父母态度则为学生输入了物质满足的幸福观念；学校教育没有构成学生幸福观念的重要输入系统，而且由于片面关注学习，对学生在成长过程中遇到的各种压力和成长的烦恼疏于引导，致使学生倾向于在精神上追求没有压力和烦恼，对学生幸福观念的形成产生了一定的负面推动作用。

对学生幸福现状的分析发现，高三学习压力对学生幸福感的直接影响较小。因为一方面压力是自己的选择，对高三的学习生活也有所了解和准备，另一方面则是由于长期处于压力之中，多少已经"适应"了，而且大家都彼此彼此，在心理上比较平衡。但是，学习压力间接地造成了学生自我掌控感的缺失和心理上的孤独感。而且在传统教育思维中，对智力综合成绩的偏重压制了学生对自身兴趣特长的探索与发展，导致学生自我同一性的混乱。多数受访学生不能肯定自己，也不了解自己真正需要的到底是什么。

正如访谈中一位老师所说的："现在学生如果幸福感强，那是因为涉世不深，在学业上有成就感，没太受过挫折。"① 我们在研究中也发现，

---

① 整理自 2007 年 6 月 12 日访谈笔记，受访者为甲校教师。

学生认为高三生活比较幸福，体现出一种依赖型的幸福：在物质生活上有父母的满足，在学习生活上有学校和老师的安排，在心理上有同辈群体之间的"同病相怜"。学生在总体上，自我同一性发展缓慢，尚未形成成熟的自我意识。他们中的大多数对自己、对生活、对世界的认识完全依赖于外部环境的信息输入，对接收的信息缺乏充分的内省，因而也就没有自身特殊性的注入，对自我以及自我与外界的关系没有形成积极而稳定的认识。因此，这种幸福是短暂的，当依赖不再存在的时候，幸福感也将随之消逝：

感觉挺无聊的，一下子有了很多时间，不知道干些什么好。高中的时候每天上课、做题，时间都安排得满满的。现在有了更多自由支配的时间，反倒觉得没什么事情好做了。而且住宿嘛，什么都得自己打理，同学之间好像也各有想法，总之，觉得还是高中的时候好。[1]

---

[1]　整理自 2008 年 1 月 6 日追踪访谈录音，受访者为乙校学生，现为某高校新生。

第五章　学生幸福感学校差异分析

引　言

调查数据显示，学生主观幸福感学校差异显著，其中父母学历及学校所在区域（市区与郊区）影响并不显著，说明该差异可能更多地来自学校本身，而不是地域差别与家庭背景。学生幸福感的学校差异可能来自于两个方面：一是学校的区域排名；二是学校自身的文化。① 教育作为"有意识地以影响人的身心发展为直接目标的社会活动"[35]10，势必要为受教育者的未来幸福生活做准备。学校是教育的专门机构，其所进行的一切有目的、有意识、有计划的活动，都是为学生的成长而精心设计的。为此，本章将首先从学校自身的文化入手，通过质性研究来探究导致两校学生幸福感差异的根本原因。

根据社会控制理论②，幸福是个体情感系统的相对平衡。为了趋于这种平衡，人首先要建立自身心理系统与外部环境的和谐，形成系统自身及其相应机体最为稳定、核心的整合知识，即心理学上所谓的自我同一性。

---

① 参见第三章第二节中"学生主观幸福感影响因素分析"的相关内容。
② 参见第二章第二节中"社会控制论视角下的幸福"的相关内容。

美国精神分析学家埃里克森认为，青少年期是个体形成自我同一性的重要时期。这个时期，个体自我意识发展的主要任务就是整合和协调个体的内部状态与外部环境，正确地评价并在情感上接受自我。

那么，学校教育如何帮助个体完成自我意识的发展，建立起自身心理系统与外部环境的和谐呢？个体自我认识与自我肯定的发展与丰富的认知体验和深刻的自我反省是分不开的。在学校日常的课程与教学活动中，学生能否获得丰富的情感和认知体验，积极地发展自我同一性，是影响学生幸福感的重要因素。所以，学校要促进学生的幸福，必须努力营造一种积极的环境，在尊重学生生理和心理发展特殊性的基础之上，肯定个体的多样性，鼓励学生去发展他/她自身的长处；同时，还必须为青年学生创造在各种环境下、各种强度下的各种不同的认知体验，并予以他们适当的引导和充分的反省时间去积极地发展自我意识。而这些都应当是一个学校课程文化最基本的体现，因为课程是"实现教育目标的具体的文化载体"，是"教师与学生进行教学活动的基本依据"。[113]1

第一节　课程设置与学生的自我掌控

一、学生学习兴趣的丧失

学生在学校里的主要活动就是学习。那么，什么是学习呢？布鲁纳认为，受社会传统文化的影响，民众对教育往往会持有一种特殊的认识，并将其称为"庶民教育心理"。[114]89-91在当代中国百姓的心目中，"学"是相对于有计划、有教师、有教材的"教"的。人们对"学习"形成的一种默会的共识，就是真正的学习离不开书本，离不开"教"。常常有父母讲："孩子大了，该学点儿什么了。"言外之意"该教点儿什么了"。也常有人说："这孩子不是学习的料。"什么意思呢？既然有"教"才有"学"，那种怎么教也不会的孩子，当然就不适合学习了。在这种庶民的观点下，学习几乎变成了人的身外之物，脱离了"教"，"学"就无法独立存在。

然而，学习并非一个外在于人自身的事物，它其实是人的本性。小孩子长到七八个月开始学爬的时候，没有哪个父母会趴在地上说："宝宝，爸爸来教你爬。你看，像爸爸这样，两手撑地，两腿触地，左、右、左。你来试试看！"通常情况下，大人只要在前面放一个可爱的玩具，宝宝就会很努力地去学爬了。你看他/她拿到玩具时那种开心的神情，学习对孩子来说是一件多么快活的事情！在生活中，在玩耍中，孩子每天都在学习新的本领，懂得新的道理，感到"自己的生命内容日日扩大，天下再愉快的事没有了"。[115]人为什么学习？因为他/她在学习中发现了自我，发现了世界。所以，学习不是为了表扬，不是为了面子，也不是为了成绩，学习是一种成长，是一种乐趣。当然，学习中遇到困难是在所难免的，然而只要有兴趣在，学习者总能赋予这些困难以新的意义，并令人满意地克服它们。[39]英文版序2然而访谈发现，由于长期以来人们对学习的认识过于狭隘，导致了学校在学习上的绝对权威主义，我教什么你学什么，我怎么教你怎么学，学生的学习兴趣在有意与无意之间被泯灭了①。经过学前、小学和初中的教育，学生对学习那种天生的兴趣早就被磨光了、磨没了：

研究者：你对学习有兴趣吗？

彭真：蛮有兴趣的。

研究者：感到学习是一种乐趣，很想学，很爱学吗？

彭真：（沉默），其实也没有什么感觉。

研究者：可是你刚才不是说对学习有兴趣吗？

彭真：高三嘛主要就是做题，英语题做烦了，就拿数学题做，觉得这样也
　　　蛮好的。②

　　能够在枯燥的题海战术中，积极调试自己，表明这位同学有较强的适应能力。事实上，像这样的同学在受访者中还是占有相当比例的。毕竟，有很多事情不是学生个体所能改变的。与其愁眉苦脸，不如调整一下自我，从更积极的一面去应对。然而，这种"应对"本身就是一种

---

① 就这个问题而言，我国人口众多、基础教育投入有限所导致的师生比例较低也是其中一个客观原因。当一个班级学生过多时（有的多达五六十人），教师的确无暇顾及个别学生的需要。但从文化的视角来看，教学上的权威主义思维方式仍然是导致学生丧失学习兴趣的根本性原因，而且这一问题也不仅仅存在于作为专门教育机构的学校教育中，它还存在于家庭教育和社会教育中，是一个普遍的、社会性的问题。

② 整理自 2007 年 6 月 13 日访谈笔记，受访者为甲校学生，成绩在班中属于中上水平。

消极的状态，让枯燥的事情变得有趣，远不如带着兴趣做事情更积极主动。英国教育家沛西·能认为，学习存在三种动机，即兴趣、实用和完善，在学习的任何年龄段，这三种动机没有一种可以是完全缺乏的。[116]273-275当前我国基础教育中存在的一个最为严重的问题，就是过多地、过早地强调后两者，而忽略了前者。然而，"即便是最成熟的学生，他们的学习也应该偶尔通向富于新奇而动人心弦的林荫大道。"[116]275志趣是行动的源泉，人若将志趣丢掉了，其活动本身自然就会成为一种不得已而为之的行为：

> 我也没有特别喜欢的科目。就是知道应该学，但又不太喜欢学，实际上，我对学习没什么兴趣，都是基于追求那个目标（高考），基本上很多人都是这样，所以我也不例外。①

目标是个体情感系统重要的参照标准，生活有目标可以让人感到生活的意义。虽然，心理学研究表明当个人实现其文化高度认可的目标（比如高考）时，他/她的主观幸福感便会有所增加。但同样有研究表明，个人的生活目标必须与其内在动机或需要相适应，才能相应地提高他/她的主观幸福感。[117]如果高考的目标与学生内在的动机或需要不相适应，那么目标的实现带给学生的就只能是一种短暂的幸福，是一种他人取向②的幸福，一种别人认为我幸福的幸福。这种外在于自我的学习目标可能会在学校和家人的反复灌输中逐渐内化成为自己的目标，但它不再是出于个人兴趣的内在需要，而是一个有目的（面子、责任或其他物质上或精神上的奖励）的目的。此时，学习上的功利主义自然就彰显无遗了：

> 我工作将近10年了，感到现在孩子心理上存在问题的，在呈现增多的趋势，最大的表现就是厌学情绪严重。我个人觉得一个班要有一半左右的学生吧，学习很被动。原因主要有两个方面，一是现在的孩子太功利。我们那个时候没有很明显的挣多少钱，买多大房子的想法。学生（现在）学习未必对学习本身感兴趣，就会觉得有些科目对他没有用，如美术。当对一门学科这样想，（情绪）就会蔓延开。我感到（对此）很无能为力。

---

① 整理自2007年6月26日访谈录音，受访者为乙校学生。

② 他人取向是指中国人在心理与行为上容易受他人影响的一种强烈趋向。参见：杨国枢. 中国人的心理与行为：本土化研究 [M]. 北京：中国人民大学出版社，2004：109.

第二个嘛就是上课方式和考试制度。教师很呆板，上课不太吸引学生，教师的个人魅力就变得很重要。[①]

这位班主任对学生厌学情绪的分析在访谈中颇具代表性。然而，一味地强调学生学习的功利性却是有失公允的。学生作为一个能够进行复杂信息处理的高级心理系统，在与社会、家庭和学校等系统环境进行信息交流的过程中，势必会受到系统环境的影响。作为20世纪90年代出生的孩子，我们的研究对象生长在一个高度物质化的社会里。社会与家庭的变迁，使他们更看重物质追求，并倾向于将教育看做实现自身物质满足的手段。[②] 学校教育的权威主义不但没有消减这种功利主义的思想，反而使之得到了强化。统一考试决定了学校的教学内容与模式，学校的教学内容与模式决定了学生的学习。学习不再是发自内心的求知，而是一种外在的强制，一种责任和义务，一种不喜欢但必须去做的事情。有用的科目就学，没用的就不学，表面上看起来是学习太功利，但在深层上则标示着学生学习兴趣的丧失。在这样一个过程中，到底谁更功利呢？是学校、老师、家长还是学生？其实已很难分清了：

李昊：有的知识学得很无用，只有在高考的时候才能用上，过了高考就无用了。比方说，作文，除了高考的时候写了有人要看，过了高考就没有人要看了。现在写文章很有格式，比方说，写议论文一开始要点明主旨，结尾要怎么怎么样。这样写下去很无聊。我们学校还好，不是很夸张。有的高复班第一段规定要写四个排比句，最后一段要引用名人的话。高考每个学校都会教一种模式，这种模式只有高考时有用，过了高考就没有用了。

研究者：你们真的都会按照这个模式去写吗？

李昊：当然了，学校里批作文，不这么写，分会很低的，区里面批也这样，只好这么写了。有的人水平很高的，他/她自己弄一种模式，然后老师欣赏的话，也会得高分，但一般人是不行的。

研究者：……

李昊：还有我觉得有时候学物理里面的一些文章，感觉不太符合实际情

① 整理自2007年5月31日访谈笔记，受访教师来自甲校。
② 参见第四章第一节中"学生的幸福观念趋同化"的相关内容。

况。它只是为了考考你，实践上绝对不会出现这样的事情。比方说，在考气体的时候，他会弄出一个容器，那个容器有什么特性他会告诉你的，但实际中绝对不会有这种容器的，他也拿来考一考你。有的时候题编得不好嘛，你也可以指出他的破绽，但是指出来以后，就没法做下去了。做这种题感觉很无聊的。①

叶澜在谈到对素质教育的认识时，曾指出教育的工具主义和功利主义是应试教育之根。[118]这里我们不禁要问教育到底是为了谁？多少人打着"一切为了孩子"的口号从中牟利？良莠不齐的教辅出版物、五花八门的补习、灵魂的工程师与商人们携手并肩，哪里还谈得上教育的良心？当教育被视为一个市场，青少年被视为消费者的时候，教育已经彻底地妥协了。[119]在这样的教育中苦苦挣扎的孩子们，真所谓"人为刀俎，我为鱼肉"，又如何能够"乐学"呢？

二、学生自我掌控感的缺失

社会学与心理学理论认为，青少年自我同一性的发展是个体主观幸福的基础，而自我同一性发展良好的一个重要特征便是"感到自己是一个独立的、独特的、有个性的个体"[95]1253。"独立"来自于人的自主性体验，即"一个人可以自行发动以及执行自身活动"[114]66的感觉，体现在学习上就是学生作为一个学习主体所应感受到的自我掌控感。这种自主性"不是一种摆脱任何依赖的绝对自由"[120]214，而是一种有条件的、相对的可能性，是学校教育与学生自主之间的相对平衡。作为这种相对平衡的前提，学校教育必须为学生提供丰富的选择，并赋予学生充分的选择权来决定自身的学习需要及方式，而这也正是上海市二期课改的主体精神之一。上海市自1998年开始实施二期课改，强调对学生素质的全面培养，在课程设置上从单方面注重教学向注重学习方式的优化与转变，在课程结构上强调基础性、整体性和选择性。

然而课程改革让具有一千多年科举文化的国人，面临着抉择上的"不确定性"——这个在量子力学、经济学和社会学常见的术语，也许是描述当前学校教育摇摆不定的一个最佳词汇。"不确定性"使人们在

---

① 整理自2007年6月13日访谈录音，受访者为甲校学生。

日常生活中的许多决定变得充满着风险[121]，尤其是教育这种无法看到短期收益的事业。"不确定性"并非意味着消极，"个体之所以能够发展，前提便是其生存的环境充满着'不确定性'"[122]，事物的发展也不例外。然而，当传统上"读书—应试—出人头地"的考试情结遭遇到西方教育思想和国家基础教育改革的冲击时，人们开始左右为难起来。虽然时代的发展呼唤着公民的素质和个性的发展，但人们又怎能轻易放弃考试和权威呢？为了既响应基础教育课程改革又不放弃应试情结，甲、乙两校普遍设置了两种相互对立的课程安排：一种是紧跟课改形式，侧重学生素质的培养；另一种则是紧跟高考形式，侧重学生应试技能的培养。在实际的操作中，两校不约而同地在高三阶段砍掉了所有与考试无关的课程，甚至取消了所有的校园活动（乙校还保留部分的全校活动，甲校则什么活动都取消了），使高三成为一座校园孤岛。学校自身的这种矛盾性使学生深受其害，正如来自乙校的同学刘萍在高考结束后所抱怨的①：

　　政治没考好，高三时间太紧了，背不过来。我们学校高一、高二抓得不紧，人家丙校高二的时候就开始背政治了，我们到高三才分班，以前学的政治一点儿用都没有，到高三从头来，根本背不过来。

　　乙校高一、高二搞课改，高三又忙应考，两头忙，其结果反倒没有更加强调应试的丙校来得实在。既然大家（学生、家长和学校）的目标（高考）是一致的，为什么还要开设那么多与考试无关的科目。甲校张晓玲同学对学校课程安排的态度颇具代表性②：

　　很浪费时间，高一、高二学的一些课程跟高三根本就没有关系，我觉得像一些副课，大家平时都不听的，考前老师帮你圈一下，画点儿重点，考试就通过了，很没有意思的，不合人性化。本来不需要读那么多学科，什么历史、地理、生物呀，觉得我们这样学过来，终究什么也没学到，除了那些考 +1 的人。

　　上海市二期课改规定，小学阶段以综合课程为主，初中阶段设置分科与综合相结合的课程，并开设选修课程，高中以分科课程为主，并设置丰

① 整理自 2007 年 7 月 2 日访谈笔记。
② 整理自 2007 年 6 月 29 日访谈笔记，受访者为甲校学生。

富多样的选修课程，开设技术类课程，构建以基础型课程、拓展型课程和研究（探究）型课程为主干的课程结构。其中，基础型课程体现国家对公民素质的最基本要求，即共同基础；拓展型课程着眼于满足学生向不同方向与不同层次发展的需要以及适应社会多样化的需求，体现不同的基础；而研究（探究）型课程主要着眼于改变学生学习方式，使学生学会学习。如果高考和素质一手抓在一定程度上影响了学生的高考，那么高一、高二开设的研究型课程和拓展课，是否如课改所预期的那样提高了学生的综合素质和探究能力了呢？学生对这个问题的回答是值得我们深思的①：

　　研究性、拓展课挺好，学生主导，老师辅助，思维能够发散出来。但是感觉这类课程应该放在高三才对，因为高一的时候知识还是很有限的，而且这种课往往是半途而废，效果很有限。还是比较喜欢复习课，充实一点，是实实在在地帮助成绩提高。

　　高三学生即将步入成年，自我意识的发展处于一个质变的时期，倾向于将自主体验视为个人幸福的基础②，这种自主体验体现在学习上就是作为一个学习主体所应感受到的自我掌控感。研究型课程和拓展课的开展正是以尊重学生这种学习上的主动性为起点的，然而由于应试思想的顽固，一旦考试在即，这类课程就只能让路了。所以，学生对待这类课程的心理是极其复杂的：一方面他们希望有自己发挥的空间，对这一类课程基本上持有一种欢迎的态度；另一方面，从现实利益出发，这种课程又的确"学不到什么"，远不如传统课堂更有益于应付考试。尽管课程改革一再强调要培养学生的实践能力、创新精神以及对知识点综合运用能力，但是学校和学生敷衍了事，使研究型课程和拓展课处境十分尴尬。其他课程有各种考试的压力，研究型课程和拓展课则没有太多硬性的要求，比较轻松，所以学生并不十分重视这类课程③：

研究者：高一、高二有研究性课程和拓展课，你喜欢这类的课程吗？

陈萍：还是蛮喜欢的。高二的那个不能算，都是数学、物理、化学什么，

---

① 整理自 2007 年 6 月 14 日访谈笔记，受访者为甲校学生。

② 参见第三章第二节中"实验性示范性高中高三学生主观幸福感量表的编制"的相关内容。

③ 整理自 2007 年 6 月 26 日访谈录音，受访者为乙校学生。

　　　　跟平时上课一样。高一的话还是蛮开心的，我们上心理课，学到一
　　　　些，就是这种心态，不要太大压力，要放松什么的。

研究者：你感觉这些对你在高三阶段有帮助吗？

陈萍：还是没有什么具体的作用。就是那时候，上课还是没有什么压力，
　　　　还是很开心的。

研究者：你觉得课堂教学和这类课程的比例应该是多少？

陈萍：我觉得7:3就差不多了。我们现在太少了，一个星期才两节。主课
　　　　还是必需的。而且我们同学还不是很珍惜这种课。像我们高一上心
　　　　理课，有的同学做作业，或者趴着睡觉，无所事事的。

　　新课程改革给基础教育带来了全新的教育理念，极大地冲击了传统的
教育模式。人们对教育的认识和理解在发生着转变，课堂的教学方式和学
生的学习方式也在发生着变化，但是由于没有触及实质，这种变化本身也
是非常具有局限性的①：

　　　　很多老师上课都是大家一起讨论的形式，还是在逐渐摆脱传统的模
　　式，课堂还是比较活跃，但不会着重于发散式思维，因为他有教学任务要
　　完成。只是，在讨论到一些题上，会稍稍涉及一点。

　　在课堂上，教师和学生的活动总是指向某种具体的学习目的，课程被
简化为具体的"行为目标"，偶发性学习常常被排斥在外。然而，课程的
目标是否就是学生的目标？学生是否对教师的教学目的感兴趣？通常情况
下，那些爱提出稀奇古怪的问题，思维跟不上老师（有时候很可能是超
前的）的学生，都会被贴上"不认真听讲"、"理解力差"、"故意搅乱课
堂秩序"等标签。"达标"是一把双刃剑，一方面通过考试可以控制教学
质量，另一方面也使学习演变成为"掌握应付考试的知识与技能"。一旦
考试结束，这些知识与技能就还给学校、还给老师，学生最终什么也没有
学到。康德曾认为："实践性教育是一种导向人格性的教育，是自由行动
者的教育，这样的自由行动者能够自立，并构成社会的一个有机组成部
分，同时又意识到其自身的内在价值。"[123]15遗憾的是，当前教育实践的
目的却在于控制："对教师的控制、对学生的控制、对教学内容的控
制"[124]16。

---

① 整理自 2008 年 1 月 5 日访谈录音，受访者为甲校学生。

以上分析表明，甲乙两校学生普遍缺少学习兴趣，在学习上存在着一种功利主义倾向，而学校在课程设置上又都处于素质与应试的矛盾之中，一方面强调学生全面素质的提高，另一方面又不肯放松应试，使学生感到即便明确了自己的学习目的（考大学）和达到这样目的的手段（学习），却不能决定自己学什么以及什么时候学。学校这种暧昧的做法使学生处于一个更加被动和依赖的地位，加深了学生在学习上的自我掌控缺失感。可见，甲乙两校虽然在学生幸福感上差异较明显，但是这个差异性显然并非来自学生的自我掌控感。

其实，在素质与应试之间徘徊的并不只是学校教育。教育转型的不确定性要求家长必须对子女未来获得幸福的可能性作出判断。虽然传统的家长权威型教育越来越显得不合时宜了，但是民众对考试的高度认可依然维护着应试教育的绝对权威。其结果便是在子女教育上学习权威主义和生活个人主义的并行。前者唯分是重，后者放任自流，造成青少年在学习上唯唯诺诺，在生活中个性张扬。用人单位、学校、家庭对文凭及各种考级证书的青睐使社会上的教育商人大行其道，各类考级层出不穷，各种辅导铺天盖地。在这些教育商人的利益推动下，我国的基础教育走入了一个怪圈：人人都讲素质教育，但是人人都在应试的洪流中不能自拔。如此培养出来的青年人，一方面个性十足；另一方面却又权威依赖，最终毁掉的只能是孩子的幸福。

第二节　课程学习与学生的自我认识

古希腊德尔斐神庙镌刻有这样一句箴言："认识你自己"，它以无比深邃和丰富的内涵，向人们揭示了一个人生哲理，即人作为一个反思的和自我参照的系统，要达到系统与环境的和谐，首先要认识自我，因为只有在相信自身价值和情感的基础之上，个体才能够发现自己的兴趣和能力所在，才能够认清对于自身的发展而言，什么是可以改变的，什么不可以改变。高三阶段的青年学生，正处于生命最宝贵的时期。在这个时期里，他们拥有多方面的需要和发展的可能，需要学会如何选择，如何努力，并逐渐形成独立的自我。自我意识发展的最高水平就是能动、自觉地规划自身的发展，成为自我发展的主人。[125]

那么，人如何才能认识自我，发展自我意识呢？神经生物学领域最新的发现表明，大脑自我认识区域在进行机械认知时是处于沉寂状态的，只有在人进行内省的时候才会活跃起来。[①] 所以，人需要通过不断反思，判断各种认知体验对自身的重要性，并逐步形成对自我以及自我与系统环境之间关系的认识，这似乎正应了笛卡尔的那句话："我思故我在"。然而，访谈发现进入高三阶段，学生除了吃饭、睡觉，生活中的大部分时间都在忙于复习，不要说经历不同广度、强度和深度的认知体验，就连停下来思考的时间也没有。表9是两校高三复习的时间安排：

表9　甲乙两校高三复习时间安排

学校	高三复习安排		每日上课时间		
	上学期	下学期	上午	中午	下午
甲校	复习教材（有的科目就是做题）	做题（考试频次依科目不定，短的每周一次，长的一个月一次）	7:20—11:45		13:25—16:50
乙校	复习教材	做题（一周考试一周做题）	8:15—11:20	11:50—12:30	12:50—17:45

从两校的时间安排上来看，复习的形式基本是相同的，复习教材，做题，考试。唯一不同之处是甲校每日上课时间总量在8小时以内，而乙校由于中午加了课，这样上课的时间总量就增到近9个小时，显然在休息时间上少了许多。那么，除了上课的8—9个小时以外呢？

学校补课（周日）一般都会参加。自费补课的也很多，占95%吧。作业量大概一个半小时，我一般十一点多睡，做完作业还要复习，做题。[②]

同学一般都会补课啊。多数同学都会补两三门的。作业量按照我的速度的话，大概三四个小时（算快的吧）。我都是十一点多就睡了，很多同

[①] 参见第四章第二节中"自我的迷失——被学习压力遮蔽了的成长"的相关内容。

[②] 整理自2007年6月13日访谈笔记，受访者为甲校学生。

学要一两点呢！①

　　可见，高三复习阶段，乙校显然比甲校抓得更紧，平均每天多上 40 分钟的课，作业量也要比甲校多出一倍来。对于甲校学生而言，只要自己不给自己很大压力的话，会比乙校同学轻松一些，这一点可能与两校在各区所处的地位有一定的关系。甲校在本区内属于最好的学校，虽然近年来扩大招生，生源远不如从前，但仍是本区的龙头老大。而乙校一方面在本区屈居在后，另一方面也面临着生源质量下降的问题，因此在学习上抓得更紧是情有可原的。那么，这是否意味着甲校为学生提供了更好的自我意识发展的环境呢？

　　事实并非如此，从学生的自述中我们可以看到，甲校同学和乙校同学一样，在课外均有补习课，包括周末，而且甲校同学在完成作业以后，仍然是做题复习。即便一个学生不参加任何补课，只是上课、做作业和自己复习，平均每天花在复习上的时间最低也要 11—12 个小时。加上补课的话，花费的时间势必会更多，除掉吃饭、睡觉的时间，一天中业余时间也就所剩无几了。在这种高强度的学业负担下，很少有同学会在休息之余进行有益的思考。两校学生在学习之余，多数会选择较为轻松、娱乐性的活动，看看电视，听听音乐，看会儿杂志，打打游戏，聊聊天，放松一下心情。在回答"你在业余时间都看些什么书"这个问题时，受访者的回答基本上可以归为典型的两大类：一是没时间读书，二是不喜欢读书。学生在阅读上普遍缺少一种触及灵魂深处、历久弥新的阅读，一种能够引发个体对自我的经验进行反思，从不同的侧面和角度来思考问题的阅读。

　　曾经有学者对高中生课外阅读的价值取向进行过调查，发现有 70% 的学生认为阅读是为了应对高考，当然也有缓解压力、调节情绪、寻求刺激、转换口味等目的。至于开阔视野、发展自我、提高人文素养等长远目标，则仅有 21% 的学生具有。[126] 该调查还显示，71% 以上的学生经常阅读的是文摘类读物，如《读者》、《青年文摘》等，在阅读上普遍不想长途跋涉，也不想探幽揽奇，因为那样阅读需要更多的时间和精力，这一点在高三学生中尤为突出。对大多数受访者而言，文摘类读物既可以使身心

---

① 整理自 2007 年 12 月 31 日访谈笔记，受访者为乙校学生。

放松，又可以进行借鉴和模仿，在作文实践当中获得立竿见影的成效，因而备受青睐。[126]

进行深层次阅读的目的是为大脑补充"营养"，引发个体对自我的经验进行反思。"学而不思则罔"，当学生只是穷于接受知识的灌输而无暇顾及自我思考时，他/她是无法成为自我发展的主人的。人不是为了读书而读书的，读书是为了从不同的侧面和角度来思考生活中的问题，最终解决问题。"从杂多的感觉出发，借思维反省，把它们统摄成为整一。"[127]而这"杂多的感觉"正是来自于不同深度与广度的认知和情感体验的。遗憾的是，学校没能给学生提供书本以外的丰富的认知和情感体验，以至于学生对即将面临的人生选择一片茫然。很多学生虽然每天都在为获得高等教育而忙碌地学习，实际上却对向往中的高等教育知之甚少：

我个人来说，高中老师的目的就是送你进大学，我们呢，就像是玩偶，憧憬着象牙塔下的日子，可是实际情况相差太多。因为高中生没有被告知在完成高中学业后面对的是什么。高中阶段其实很渴望得到更多的社会资源，比如对今后人生的发展的指导等，就是应该在高中学业的基础上，多开出一门类似"就业指导"的课程。还有，高中以及之前所受的教育，究竟有多少被导入了大学教育？还是说，两者根本就是脱离的？这种脱离让人很不幸福……①

学校和教师最关心的是通过复习考试，学生最有可能考入什么样的学校，而不是学生考入大学后能够在高等教育中获得什么。也许学校认为这完全是学生家庭及其个人的事，但这至少反映出了学校的这样一种心理，即学校的职责就是确保学生在基础教育阶段交上一份令人（学校和家长）满意的答卷，至于以后的发展那就是高等教育的问题了。学校的这种心理反应在课程文化上就是一切以考试为主，而学生的情感发展以及未来的人生规划则被完全地忽略了。这对于处于同一性发展关键时期的青年学生是极其不利的。由于严重地缺乏自我意识发展所赖以形成的经验和内省，很多受访者对自己没有一个较为清醒的认识，对自己的人生缺少规划，不能明确自己的目标是什么，即便有明确的目标，也对其知之甚少，在人生道路的选择上更多的是依赖他人。

---

① 整理自 2008 年 1 月 6 日访谈笔记，受访者为甲校学生。

　　我觉得对社会还不是很了解，没想过发展方向。高考报的是建筑，因为有亲戚做设计师，他跟我介绍了一下这个专业做些什么。我对建筑还挺有兴趣的，初中、高中喜欢在家玩复杂的积木。爸妈希望大学一两年后出去，因为他们认为国外大学培养出来的人才国际化。原来一直希望考交大。高考前一个月几次模拟考成绩较差，发挥不好。高考发挥还可以。自己选择了同济，爸妈也没什么意见。①

　　来上海是老妈的想法，大学方面也是老妈的意见，自己想考学起来有乐趣的，当然她也会考虑到我的兴趣，不过总的来说，学业上都是老妈设定的。我们同学中，这种父母为自己设计的一半对一半。②

　　很多高三学生在报考大学的问题上只是对未来有一个模糊的认识，由于整天忙于学习，对社会缺乏了解，所以在做选择的时候更倾向于依赖成人，力求在家长认可的范围内作出自己的决定。当然，还有一些家长比较强势的，学生干脆就把选择权一并交给成年人，不去费那个心思了：

　　对学习以及将来的发展方向没想过，将来怎么样，将来再说。我从小学开始，上什么学校就是父母选的。原来喜欢电脑专业，爸爸认为不好，说不如金融，所以就报了金融。不喜欢就去适应好啦。③

　　我没有特别喜欢的专业，也没有特别喜欢的科目。高二的时候成绩还不错，爸妈希望我考交大（上海交通大学）。高三成绩开始下降，他们就希望考东华（上海东华大学）。考前就不说什么了。这回报的是某市 N 大学，是爸妈曾经教过书的地方，他们希望我研究生再考回来。④

　　苏格拉底把"爱智"与"认识自己"结合起来，认为人通过心灵的存在和发展，能够认识自己所认识的一切。[128]10洛克在《关于理解的指导》一书中也提出，学习的根本目的不是要使年轻人"精通任何一门科学"或"扩大心的所有物"，而是打开他们的心智，装备他们的心智，"增加心的活动能力"。[129]译者前言4然而，甲乙两校除了教给学生书本知识以外，并没有为学生创造丰富的认知和情感体验，帮助他们增加心的活动

---

①　整理自 2007 年 6 月 23 日访谈笔记，受访者为甲校学生。
②　整理自 2007 年 6 月 26 日访谈笔记，受访者为乙校学生。
③　整理自 2007 年 6 月 13 日访谈笔记，受访者为甲校学生。
④　整理自 2007 年 6 月 19 日访谈笔记，受访者为乙校学生。

能力。由此看来，两校学生的幸福感差异也并非来自不同的自我意识发展。

第三节 课程评价与学生的自我体验

人实现自我认识的决定因素是内省，而内省则是以个体生活体验为反思对象的。生活体验对于个体自我意识的形成起着至关重要的作用，因为它就是个体心理系统获得情感"知识"的源泉。通过判断各种体验对自身的重要性，大脑自我认识区域逐步成熟起来，并形成自我以及自我与环境的统一认识。知识和技能的学习可以进行有计划的培训，但情感是无法操纵的，因此通过说教或人为地创造环境来培养情感，其效果远不如真实的生活情景。情感"知识"的获得必须来自于丰富多彩的生活——不同广度、深度和层次的生活实践。

然而高三学生除了复习考试以外基本上没有什么其他的活动，生活十分单一。这一点从两校高考复习安排时间表上便可窥之全貌。那么学校为什么要将学生从多彩的生活中隔离出来，困在考试训练之中呢？这显然还得从作为教学目标的认定与监控的课程评价入手。特伦斯·E.迪尔和肯特·D.彼德森认为学校的口号或校训是学校文化的核心内容，它代表着学校的使命和目标，是学校关于成功的定义。[130]但是当问到"你知道学校的校训是什么吗？"学生的回答却惊人地相似：

说实在的，不记得了，好像一进门的一块大石头上有。①

好像是八个字的，写在一幢楼上，是哪八个字不记得了。②

尽管表达方式不同，甲乙两校校训均将每个学生的发展作为自身的使命。如果这个目标切实地落实到了学校文化的各个层面，学生作为实实在在的受益者怎么会没有体会呢？难道这个使命只是写在墙上、刻在石头上给路人看的吗？学校到底最看重的是什么呢？

当然是成绩了，我们这届考得蛮理想的，校长很高兴的。把我们这届所有人考到的学校都贴了出来，弄了个红榜。③

---

① 整理自 2008 年 1 月 6 日访谈录音，受访者为甲校学生。
② 整理自 2007 年 12 月 31 日访谈笔记，受访者为乙校学生。
③ 整理自 2007 年 12 月 28 日访谈笔记，受访者为甲校学生。

虽然早在 20 世纪中期以后，课程评价就已不再仅仅局限于对学生学业成绩的评判上，而逐渐发展为一种综合性的、全程性的评价，[113]359但在实际操作中，两校课程评价的核心仍然是学业成绩。当问到"老师最看重什么"的时候，两校受访者都会不假思索地回答："成绩"。有的同学会加上人品，但当我们追问下去的时候，发现老师看重人品的前提仍然是成绩好，评定三好学生首先必须是成绩好，用学生的话讲："成绩就是老大。"①。由于成绩是唯一的评价标准，有的老师只看结果，不重过程，还有的老师对学生不能做到一视同仁：

我觉得对怎样获得成绩，老师应该有不同的处理。有的学生付出了一定的努力但没有获得什么成绩，老师也没有什么表示。我们班上一个女孩子特别喜欢英语老师，学得很努力但成绩没什么提高，老师也不太关心。②

我们班主任还好了，有的班主任就盯着那几个人，就是重视成绩好的，成绩差的就放。学习差的又怎么样？他们不应该放的，对不对？③

一旦成绩成为了评价一切（学校、老师和学生）的标准，那么在切身利益的驱动下，其他一切的多样性便都将自然地遭到摒弃或抑制。因此，在校长的眼里只有升学率完成得好与坏的老师，在老师的眼里只有学习成绩好与差的学生，"人"的概念在教育的过程中便消失殆尽了。甲校孟琳同学的母亲在访谈中就曾对这种抑制孩子发展的教育表达了作为家长的无奈：

孩子出生，我和她爸就约定要让她自由发展。一来，我们小的时候，家里孩子多，很自由。二来，我们自己做老师的时候，感到有些孩子受家长的压抑。所以在学习上，我们不鼓励她分多高，（但）学校的一般要求要达到。孩子在学校里属于中上的学生，不是很突出，轮不上（老师）鼓励，也较少有受表扬的机会。由于学习的因素，使她不能发挥（其他方面的才华）……如果能多得到一点表扬会好一些。④

---

① 整理自 2007 年 5 月 22 日访谈笔记，受访者为甲校学生。
② 整理自 2007 年 6 月 20 日访谈录音，受访者为甲校学生。
③ 整理自 2007 年 6 月 15 日访谈录音，受访者为甲校学生。
④ 整理自 2007 年 6 月 15 日访谈笔记，受访者为甲校学生家长。

理论上，一个完整的教育过程是"逻辑—认知"与"情感—体验"两个教育层面的统一，前者促进情感的分化，升华人的情感境界，后者则为前者提供动力，强化并提高个体的"逻辑—认知"效率。[131]然而，由于情感"知识"评价的不易操作性（难以转换为成绩），导致了教育过程中"情感—体验"层面的缺失，最终将学生的主体性消融在了客观化的评价体系之中，使教育的过程为教育的目标（高考）所涵化，从而失去了其特有的动态性和发展性。建立在这一基础上的课程文化势必会抑制学生的主动性和能动性，妨碍学生拥有作为发展中的青年人所应具有的多彩的人生体验，使他们难以真正体会到学习生活的愉悦和因主动性发挥而得到的精神满足和能力的发展，不能充分地发展和完善自我意识，不能明确自身的需要，也不清楚自己所要追求的幸福到底是什么。由于在自我体验上甲乙两校学生并没有存在明显的差异，因此自我体验也不是两校学生幸福感差异的影响因素。

本 章 小 结

本章从学生的自我掌控感、自我认识和自我体验三个方面，比较了甲乙两校的课程文化，希望考察学校文化是否是构成两校学生幸福感差异的一个重要影响因素。然而质性研究表明，两校课程文化趋同，课程设置普遍体现了一种学考的矛盾，且存在着"教"决定"学"的教育权威主义，致使学生无法决定自己需要学什么以及如何去学。而在以成绩为核心的一元评价体系下，学生兴趣和能力的多样性受到了一定的压制，学习生活及目标单一，导致学生严重地缺乏对不同认知和情感的体验，很少进行有益的阅读和思考，多数学生都处于同一性混乱的状态之中，不能正确认识自己，形成初步的人生志趣。

然而，两校学生幸福感的差异是客观存在的，如果学校文化不能解释这一差异性，那么差异来自于什么呢？由于前期数据分析发现父母学历以及市郊/市区差异对学生幸福感的影响不显著，所以两校学生幸福感的差异问题仍需在学校差异上寻找原因。访谈发现两校在高三学生的学习上，乙校明显比甲校抓得更紧。这主要体现在每日上课总量和作业量上。乙校由于占用了学生午休时间，在上课总量上比甲校多出40分钟。而在文科作业量上乙校大体上是甲校的一倍（理科基本持平）。虽然甲校学生在多出来的课余时间里，仍然将大部分精力投入到了复习当中，但这至少表明甲校在高考的问题上比乙校多了一些自信。而这个自信正是来自甲校在本区内的龙头老大的地位。尽管在访谈中学生也多次谈到学校的生源大不如以前了，但是多数学生还是以考入甲校为骄傲的。相比之下，乙校在本区的排名要尴尬一些。很多同学是因为报考其他学校分数不够被调剂过来的，自然要比甲校的学生少了一点骄傲感。暂且不考虑两校在全市实验性示范性高中的排名，仅是本区内的横向比较就足以使乙校感受到更多的压力。这种压力感当然会不可避免地反映在乙校对待高考的态度上，并在一定程度上降低学生的自我掌控感，影响到学生的主观幸福感。由此，我们只能将这种差异归于学校在差序格局意识下的压力感。造成学生幸福感学校差异的根本原因是学校的区域排名而不是学校课程文化，说明课程改革还有待于触及学校教育的实质，学生自我意识的成长与完善还尚未构成学校课程文化的价值核心。

第六章　学生主观幸福感性别差异分析

引　言

实证研究表明，实验性示范性高中高三男生的主观幸福感明显低于女生。从各分量表的性别差异分析来看，男生在亲子关系体验、自我掌控体验和生活意义体验的得分均低于女生，但是成绩焦虑感适度体验的得分却明显高于女生。从成绩与性别的交互影响来看，女生的主观幸福感受学业成绩的影响较大，成绩越好幸福感越高。男生当学业成绩处于中下水平时，成绩对幸福感具有正向影响；但是当成绩处于中上水平时，成绩与幸福感的关系则变得相对复杂，尤其当学业成绩处于优异水平时，幸福感反倒有所下降。当学业成绩处于中上水平的时候，成绩与性别的交互影响显著，成绩优异的女生主观幸福感明显高于同一层次的男生；而当学业成绩处于中下水平时，女生的主观幸福感则有略低于男生的趋势。

为了对上述数据结果作出客观分析，本研究在二次访谈中，以前期数据分析为依据对甲乙两校学生做了半结构性访谈，问题涉及学习压力、亲子关系、自我掌控、生活意义、男生理想中的女生、女生理想中的男生以及教师期待等几个方面。考虑到高三阶段学生毕竟将主要精力都投入在学习中，不太会过多关注异性，男女生在互相评价过程中可能会出现偏差，正如访谈中一位男生所言"谁都不能真正体会到另一性别的人①"，所以在分析过程中我们同时参考了大量已有的相关研究。

第一节　关于幸福的性别刻板印象

幸福的实现一般可分为三个层次：幸福观念的输入；个体幸福观念的形成与实践；幸福实在的体验。其中，第一个层次是关于"什么是幸福"以及"如何实现幸福"的概念性感受阶段。它来自于个体所处的环境、文化及教育。第二个层次是在经验的基础上，个体形成自身独特的幸福观念并付之于行动的过程。最后一个层次便是幸福感的体验。用社会控制论的语言来定义，幸福感就是个体心理系统在与系统环境的多重信息反馈下，对来自系统环境的幸福观念的接收、加工、实现和体验的结果。②

就两性差异而言，构成个体心理系统的环境是由内外两个环境组成的：一是人体生物学机制（biological mechanism），包括基因和激素；二是外界环境，包括社会文化和教育。从个体性心理发展的全过程来看，青春期是性意识萌动和发展的关键时期。在这个时期里，性器官的迅速发育和第一性征、第二性征的相继出现，意味着性生理开始走向成熟。与性无知期（现代心理学上一般定义在 0—10 岁，传统社会可能要更短一些）不同的是，此时"性别"的概念在青少年的头脑里已不仅仅是一个符号了，他们必须学会正视自己性生理的发育和性心理的变化，接纳并承担相应的性别角色。[100]207-223虽然人体生物学机制的成熟促成了性意识的萌生与觉醒，但个体性意识的形成却是与其所处的社会文化背景息息相关的。因此，本节将首先就外界环境对当代两性幸福观念的影响加以分析。

一、传统文化中的两性幸福

《周易·系辞上传》开篇就是："天尊地卑，乾坤定矣。……乾道成男，坤道成女。"接下来又道："子曰：'易，其至矣乎！夫易，圣人所以崇德而广业也。知崇礼卑，崇效天，卑法地，天地设位，而易行乎其中

---

① 整理自 2008 年 3 月 6 日访谈笔记，受访者为乙校男生。
② 参见第四章第一节中"学生的幸福观念趋同化"的相关内容。

矣。成性存存，道义之门。'"在儒家看来，天地确立了上下的位置，易道运行于其间，成就了万物各自的本性，道义便由此而生。[132]"乾道成男，坤道成女"注定了男子地位的高上和女子地位的卑下。"妇人有三从之义，无专用之道，故未嫁从父，既嫁从夫，夫死从子。故父者子之天也，夫者妻之天也。"① 女孩子未出嫁的时候，父亲是上天；出嫁以后，丈夫是上天，一生都依附于男性。到了汉代，东汉女学者班昭著《女诫》七篇，系统地阐扬"夫为妻纲"和"三从四德"。从此，男尊女卑的观念便深入全社会，广泛地表现在意识形态及现实生活的方方面面。

在传统社会中，习俗惯例与社会文化制度共同形成了强大的话语力量，规范着女性的社会行为与思想情感。一定地域和群体中的女性，在生命礼仪、日常生活以及精神世界中拥有为所有女性所共同践行的、完整且历史悠久的习俗惯例，成为广大女性身份认同的重要标志。[133]而与女性有关的民俗禁忌以及社会规范，几乎都与社会对于男性的宽容相对应。换言之，女性的社会性别认同是由他者（男性）的承认而获得的，并构成了社会对于男女不同性别的心理期待和行为方式。[133]由于长期以来，男性一直在社会政治、经济、文化生活中处于主流地位，传统的幸福观念也是以男人为主体的。比如民间追求的五福"福、禄、寿、喜、财"，其中禄与科举选拔紧密地联系在一起，自然与女性无缘；而在以农业经济为基础的封建等级社会里，获取功名又是转变人生境遇，获得经济利益与社会地位的一个重要途径，有禄即有财，女性既然不享受为官的俸禄，当然也就很少有机会获得财了。女性的幸福是完全依附于男性的，所谓"嫁鸡随鸡，嫁狗随狗"，幸不幸福就看嫁给一个什么样的男人了。

二、社会变迁下女性幸福观念的一度转变

20世纪初叶，随着五四新文化运动的开展，在宣扬科学民主和个性解放的时代背景下，新女性开始追求自由、反叛世俗，成为了新文化运动的一部分。但与西方女权运动的自在性和独立性所不同的是，五四时期女性身份的觉醒是在以男性知识分子为主体的启发下发生的。[134]因此，与其说这是一场妇女解放运动，不如说是一场男人解放妇女的运动。个体自

---

① 具体参见：《仪礼·丧服·子夏传》。

由在"五四"个性解放的思潮中，不是被作为目的本身，而是被作为一种手段提出来，并深深地镶嵌在现代民族国家的意识形态之中的。[135] 所以在当时的背景下，中国女性要想求解放，只有投身到民族救亡的洪流中去。革命的成功最终促成了妇女的"解放"，但是"解放"的妇女却对建基于真正的女性主体意识之上的新的性别角色，表现出一片茫然甚至是抗拒。[135]

1949 年新中国成立以来，无产阶级革命成为时代的主流话语，国家的政治话语在重新规范着女性的气质形象。在这一时期，涌现了难以计数的革命话语以及女性解放的话语，规训着女性的气质形象。"时代不同了，男女都一样……""铁姑娘"被打造成新女性的具体化代表，连女性的打扮也开始向男性靠齐，没有所谓的线条，掩饰着女性身体的特征，向无性化，或者更确切地说，男性化趋同。[135] 其结果便是，女性为了谋求自身的幸福，被迫"放弃"了自己的性别。如果说在过去的几千年里，女性由于性别而失去了属于自身的幸福，那么在那个轰轰烈烈的革命时代，她们又为了所谓自身的幸福失去了性别。

三、传统性别意识的回潮——两性幸福的困惑

女性期冀着通过改变自身的性别意识来获取幸福，无形中也让男性感到了身份认同的危机。一向作为社会主流的男性，现在要让出半边天来，几千年来的文化潜流被压抑在心里，很快就随着经济社会的发展卷土重来，并固执地与女性的独立运动分庭抗争起来，硝烟弥漫于社会发展的每一个角落里。随着改革开放的深入，传统性别意识开始逐步回潮。媒体和广告中性别刻板印象严重，表现出性别角色表达传统化，社会角色展现外形化，审美评价模式化等问题。[136] 新闻报道以男性角色为主导，[137] 而电视广告中却偏好使用女性角色，尤其是年轻（83.1%），美貌（81.8%）的女性角色。[137] 此外，女性社会地位在整体上也不容乐观，由于教育入学机会中的性别不平等，女性整体就业情况呈现择业机会少、就业层次低和整体水平差的状况。[138] 而作为女性中佼佼者的女大学毕业生，同样也在职场上普遍遭受隐性歧视。[139]

由于上述等客观原因的存在，女性的幸福观念也在悄然地发生着改变。在一项关于当代中国女大学生社会性别观的调查中发现，在上海高校

中，有 47.9% 的女性认为"女人嫁个好丈夫比取得高学历重要"，64.6% 的女性认为"男子以事业为重，女人以家庭为重"，另有 68.2% 的女性认为"相夫教子是女人最重要的工作"。[140] 而且调查还发现，业已毕业走入社会的女大学生，对于传统性别观念的认同度高于仍然在学的女大学生。可见，经济发展以及女性自身教育程度的提高，并没有自然而然地增强女性的自强与自信。女性在经历了革命性的解放之后，又重新开始将自我的幸福依附于男性。

如果说女性是性别刻板印象的受害者，那么男性是否就是最大的赢家呢？国内学者王道阳等人在对大学生性别角色观的研究中发现，男女大学生双方都在强化对方性别角色的传统性，而淡化自身性别角色观中的传统成分。[141] 女大学生比男大学生更认为负责是男性角色正价特质，而男大学生比女大学生更认为温柔是女性角色正价特质。可见，传统的性别角色观念对于男女两性来说都是一种束缚。"女人要安稳，男人要打拼"的传统性别观，既压制了女性，又平添了男性的压力感，尤其是"男人的家庭责任"让男性承担了比女性更多的社会期待，而"男儿有泪不轻弹"又致使男性比女性更多地选择幻想[142]、否认—压抑[143] 等消极的方式应对压力。在现代社会快节奏的生活压力下，这极大地危害了男性的身心健康。建立在两性二元对立基础上的性别刻板印象，对于男女两性的幸福而言都是一种束缚。尤其在现代多元化的社会里，过分强调两性在生理上和文化传统上的差异性，而忽略了两性的共同性，是不益于人作为生活主体的发展的。

第二节　性别刻板印象下的学生幸福感差异

一、学生性别观念分析

家庭、学校和社会在复杂的信息交换中，构成了学生个体心理系统所赖以存在的系统环境。从媒体上的硬汉形象和美女广告，到家庭中父母的劳动分工与权力分配，再到课堂上教师对男女生的不同期待，所有的系统环境都无时无刻不在向学生传递着主流的社会性别观念。尽管成年人的文化并非都是青年学生所能接受的，但访谈发现青年学生对传统的性别观念已经基本内化：

男孩应该可以做重大决定，比较果断，能够挑大梁的那种。女孩子应该能干一点儿，但也不应该太懒了，女的肯定要做辅助的。[①]

男人要有责任心，稳重而踏实，一定要有目标，有上进心，能准确地定位自己。善解人意一点儿，最主要是善良，也不要特别钩心斗角。[②]

研究者：那么你认为男人应该是什么样的呢？

沈丽华：稳重，讲义气。

研究者：那么，女人应该是什么样的呢？

沈丽华：贤惠，聪慧。[③]

研究者：你觉得男人应该是什么样的？

王利：比较难定义……有责任心……有能力等。

研究者：女人呢？

王利：温柔，还有一些一时说不上。[④]

虽然成长在一个个性张扬的时代里，学生在其性别观念上仍然具有很强的性别刻板印象。这与王道阳等人发现男女大学生的性别角色观具有传统性的研究结果是基本一致的。不过王道阳等人的研究认为男女大学生倾向于用性别平等的观点看待自身，而用传统性别角色观要求对方，这一点在我们的研究中似乎并没有反映出来。而且访谈的结果也并不支持左志香关于女高中生比男高中生更强调男女平等的研究结论。[144]这可能与地区差异有关。李明欢关于女大学生社会性别的调查研究中就曾发现，在受过高等教育的女性当中，经济较为发达的上海女大学生比经济较为落后的黑龙江女大学生更认同传统的"男主外，女主内"的社会性别观念。无独有偶，2000年一项针对广东地区妇女社会地位的调查也显示，生活在中国大陆经济最活跃地区之一的广东女性，愿意做全职太太的比例在上升，

① 整理自2008年1月6日访谈录音，访谈对象为乙校女生。

② 整理自2008年1月10日访谈录音，访谈对象为乙校男生。

③ 整理自2008年1月18日访谈录音，访谈对象为甲校女生。

④ 整理自2008年1月7日访谈笔记，访谈对象为甲校男生。

她们的性别观念比 10 年前还要保守。[145]

　　经济发达程度以及受教育程度与性别意识成反比,这从一个侧面反映了男女就业状况不平等的现实。男性比女性更有可能谋得高职位与高薪,而在经济发达地区,家庭中男性的收入可能会是女性的几倍。当一个人的工资已经足够全家的吃、穿、住、行甚至是娱乐的时候,另一个人又何必去辛辛苦苦地挣那几个小钱呢,不如待在家里做做家务或是享受一下生活。但问题是,能够挣到高薪、谋得高职位的往往都是男性。同时,由于社会尚未形成良好的鼓励父母照顾孩子的机制,这也迫使许多职业女性不得不在孩子与事业之间的权衡中作出抉择。结果,最终待在家里的只能是女性。这一现象的普遍存在表明,社会整体上男权意识浓厚,传统性别观念仍然弥散于社会的各个角落。

　　除了家庭中父母权力的博弈、媒介中妇女刻板印象的传播以外,学校也在隐性地向青少年学生灌输传统的性别意识。作为社会文化载体的学校教育,对学生性别刻板印象的形成起到了积极的推动作用。首先,学校教材本身就是一个传播性别偏见和性别刻板印象的媒介。有调查显示,虽然在新课改后的教材(2001 版教材)中女性出现的频次有所提高,但是女性主角所占比例并没有显著提高。[146]从角色分配来看,男性多是社会角色,处于支配者、领导者的地位。从人物性格塑造上看,对男性的褒扬多于女性,而对女性的赞扬则更多地体现了传统的性格特征。其次,教师的性别观念也会常常通过日常的教学互动而流露出来。比如认为男生头脑比女生灵,女生比男生心更细;对男生期望更高而要求较宽松,对女生期望较低而要求更严格等。[147]这无形之中就在向学生传递着这样一种信息:男生女生生来就是不一样的,男生势必要有所作为,有所成就;女生呢,只要有份稳定的职业就可以了。而在这一点上,女性教师的表率作用尤其重要。有研究发现,在学校里,大多数女性教师对女性的社会地位都持认同态度,而且普遍具有较低的成就目标和期望。[148]在我们的前期访谈中也发现女性教师,特别是结了婚的女性教师,多数认为幸福就是家庭和睦、孩子健康成长。这些女性教师关于性别角色的言行、态度、思维和行为模式,自然会通过教学活动而被学生接受和内化,成为学生心目中女性形象的典范。从幼儿园、小学、中学到大学,随着教育层次的提高,教师中女性比例节节下降这一事实本身也在向学生们传递着职业构成上的性别话语。

"现实的、历史的人既是环境的创造者，又是环境的创造物，人们是带着环境中自己的观念打上的印记去创造环境的。"[149]简介第2页社会、家庭和学校之间交互影响，共同营造了传统性别观念的主流意识。处于这样一个大的环境之下，个体心理系统是很难与之抗争的，尤其是处于性别意识萌醒状态下的青少年学生。访谈发现学生所持有的传统性别角色观念，正是造成男女生主观幸福感差异的根本原因。

二、男女生成绩焦虑感适度体验分析

长期以来，人们一直对造成两性差异的原因很感兴趣，男性和女性的不同主要是来自于生物遗传呢，还是来自于后天的习得？尽管现在人们已经意识到社会经验和基因是以复杂的方式相互影响的，但很多人仍然倾向于用两性间生物上的差异来证明两性差异的客观存在。[150]2 19世纪时，人们曾认为两性在大脑的重量、体积和头骨大小上的不同，是男性在智力上优于女性的根本原因。但是，富兰克林·摩尔（Franklin Mall）在20世纪初的研究很快就推翻了这一想法。摩尔证明，男女两性的大脑体积都随体格的大小而变化，而且大脑皮质上褶皱的数量也没有性别差异。[150]6-7尽管在解剖学上没有证据支持女性大脑不如男性，但人们还是不懈地努力着，试图通过基因和激素来解释男性比女性更优越。

直到20世纪中后期，新的大脑探查技术使得神经学家可以通过扫描活体大脑，来观察大脑执行不同任务时行为模式的变化。大量研究表明大脑在功能上和思维方式上都存在着性别差异，而且通过现代心理学测试的方法来考察两性差异，同样发现差异性的客观存在。[150]13-22虽然现代研究发现，男性并不总是优于女性，在某些方面女性可能优于男性，但是人们仍然认为两性在智力、思维方式和心理素质上的差异，使男生在学习方面比女生更有优势。而且，这种思维定式似乎也得到了来自学生自身的肯定。访谈中我们发现，学生普遍认为男生在读书和心理素质上的优势，是使他们对成绩的焦虑感远远低于女生的根本原因：

男生在读书上比女生是有优势的，在高中时，你整学期不听课，男生可以在一天拼出来，女生是不可能的。①

---

① 整理自2008年1月6日访谈录音，访谈对象为甲校女生。

研究者：那么数据得出男生学习压力感没有女生大，你觉得呢？

李萍：赞同，男生往往在高中阶段没有女生学习压力大，因为他们的学习方法和成绩都略胜于女生。①

　　大量生物学、遗传学和心理学等研究证明，男生在空间能力、抽象能力上优于女生，而女生则在协调能力、语言能力、分散化记忆力（记住互不关联的信息）等方面优于男生。但同样也有大量的事实向我们展示，并非所有男性的空间能力都比所有女性强，也不是所有女性的语言能力都强于所有的男性。神经学上的研究发现，大脑常常通过改变自身的生物化学特性甚至结果，来回应外界的刺激。大脑不会选择成为一个女性的大脑或者一个男性的大脑，男孩和女孩成长的不同环境可以改变他们的大脑结构和功能。[150]27-28人类的行为极端复杂，它既包括了个体对环境的反应，也包括了对复杂性高于基因和激素作用的众多层面上的反应。强调生物性原因基础上的解释，或是强调社会原因基础上的解释，都有可能犯简化论的错误。不幸的是，简化论的思维方式不但在科学界最具普遍性，而且在整个社会上也大有市场。[150]35-36在很多情况下，人们的性别刻板印象正是建立在一种简化论的基础上。而一旦形成了"男孩子比女孩子更聪明"的性别刻板印象以后，女生在家长和老师的暗示下，就会感到自己在智力上难以超越男生，因而也就更加渴望通过成绩来证明自己，以得到家长和老师的肯定。由于女生比男生更加依赖于外界的评价，这使她们变得非常敏感，一旦体察到来自外界的负面评价，她们的自信心就有可能产生动摇，而自信心的缺乏往往会导致心理素质问题：

　　男生不是很担心成绩。我们班有个男生平时考得不太好，但最后考得非常好。男生这种情况比较多，而女生则往往是相反，平时考得很好，一到高考就发挥失常了。②

　　男生不会因为成绩而产生更大的心理压力，男生可能更容易调节。这可能就是为什么高三阶段女生心理压力较大，考试容易发挥失常的比男生

---

① 整理自 2008 年 12 月 30 日访谈笔记，访谈对象为乙校女生。
② 整理自 2008 年 1 月 3 日访谈录音，访谈对象为乙校班主任老师。

多一些的原因。因为，女生心理承受力比男生差。就像大多数女人不想当女强人，就觉得女生看什么都比较重，没有男生看得开。大部分男生自信心和自我满足感比较强，觉得自己还是蛮有把握的。①

研究者：那么老师对男生和女生的期待有没有什么不同呢？

赵敏：对男生期待高点儿。

研究者：为什么呢？

赵敏：因为普遍认为男生比较有冲劲。

研究者：冲劲？什么意思？

赵敏：呃……比较容易成为黑马，临场发挥比较好点儿。②

　　可见，不论老师、男生还是女生都认为，之所以女生比男生感到更大的学业压力，主要是由于女生的心理承受能力差，自信心不足。这一看法与大量相关研究的结果是基本符合的。③ 研究者一致发现男生的学习或自我效能感显著地强于女生，说明男生对自己的能力更有自信。而且张广辉等人的研究还发现，男生的自信心较多地建立在自身感受基础上，具有较明显的内力性；而女生则更看重教师的态度，以及他人对自己学业的评价，具有明显的外力性。[151]这表明女生更倾向于以个人所取得的成绩或来自于外界的评价为参考，对个人的学习能力加以评估。[151]

　　女生对学业成绩的倚重，表明她们的自我观念与男生相比较而言尚不够成熟，因而更加需要外界的评价来肯定自我。尽管前面的分析结论认为，在现今的教育思想下，青年学生在沉重的学习压力下普遍缺乏丰富多彩的经历，不能充分发展自我意识，但是访谈发现，男生在自我意识的发展上还是比女生略胜一筹。其原因就在于"男孩子们用来减轻学习过度之害处的那些活泼有趣的身体活动，女孩子大都没有份"[152]192。由于女

---

① 整理自 2008 年 1 月 7 日访谈笔记，访谈对象为甲校男生。

② 整理自 2008 年 1 月 12 日访谈笔记，访谈对象为乙校女生。

③ 关于此部分内容还可参见：张广辉，李德树，卿平海．关于 25000 名初中学生自信心的调查报告 [J]．教育理论与实践，1993 (1)：43 – 47/李育辉，张建新．中学生的自我效能感、应对方式及二者的关系 [J]．中国心理卫生杂志，2004，18 (10)：711 – 713/周国韬，刘晓明，李丽萍，等．关于初中生学习能力感的研究 [J]．教育理论与实践，1994 (5)：49 – 51.

孩从小就被要求玩文静的游戏，不能像男孩子那样参加各种形式的体育运动，在户外活动中顽皮淘气，这使她们失去了很多探索世界、展现自我和宣泄压力的机会。随着年龄的增长，这种传统刻板印象逐渐得到内化，即便是有一种冲动想去参与某些运动，也会因为"那是男生的运动"而刻意回避。男生则不会有这种顾忌，他们倾向于加入大群体，进行活跃、有力、博弈性的活动，[153]在打球、踢球或是下棋过程中结交新朋友，甚至和老师对阵，在球场上大家不分彼此，在"玩"中展示自己的力量，证明自己的实力。不像女生那样，只是将活动局限于固定的小群体中，或是缩在后面甘当旁观者。不同同伴群体的压力使女生将更多的精力投入到书本学习中，而男生则将富余的精力投入到书本学习以外的活动中，更加积极主动地认识自我：

研究者：从数据上看女生的幸福感受成绩的影响比男生大。

李姝：同意，因为女生比较感性嘛。

研究者：感性是什么意思？

李姝：就是感情起伏比较大，比较敏感，因为女生比较看重成绩与升学吧。

研究者：男生不看重吗？

李姝：这我就不太了解了，相对而言，女生更看重吧！男生比较叛逆。

研究者：那么，你觉得男生更看重什么呢？

李姝：篮球，我觉得有些男生几乎把篮球当生命，搞不懂。还有运动、游戏、兄弟情谊。①

刘晖：或许相对来说女生更重视学习吧。

研究者：那么男生更看重什么呢？

刘晖：我觉得是男生可能有更多的东西吸引他们的注意……

研究者：比方说？

刘晖：游戏……

研究者：为什么喜欢游戏呢？

---

① 整理自 2008 年 1 月 3 日访谈笔记，访谈对象为乙校女生。

刘晖：……或许是希望通过除学习之外的其他途径获得他人的认可……①

陆秋艳：男生对学习看重的程度比女生低。

研究者：那么男生更看重什么呢？

陆秋艳：生活质量吧。他们不太会被学业问题所牵绊。

研究者：生活质量指的是什么呢？

陆秋艳：他们觉得开心就好，学习的问题不用考虑太多。②

　　苏格拉底认为人的智慧在于"认识自己"[128]20。当一个人能够正确地认识自我的时候，他/她就能够更全面地接受自己，既能够肯定自己的长处，又能够正视自己的不足，并根据自己的实际情况，调整自身与系统环境的关系。要想正确认识自己，必须先学会正确认识社会、认识人生，而这种认识是书本知识无法提供的。所以，在自我意识发展的青年期，学生要丰富自己的经历，熟悉社会生活，明察社会现象，积累社会经验，了解人生意义，[100]166从而使自我成熟起来，面对现实，驾驭环境。然而，传统观念中女孩子"文静""温柔"的性别刻板形象，无形中束缚住了女孩子，使她们除了学习书本以外，较少通过游戏等身体运动来减轻课业压力、认识成绩以外的自我。可见，男生成绩焦虑感适度体验比女生高，正是由于男生比女生少了一点性别刻板印象的约束，因而有更多的机会释放压力、积极认识自我，从而更加相信自身的能力。

三、男女生良好亲子关系体验、自我掌控体验和生活意义体验分析

　　在青少年期自我意识发展过程中，虽然男女两性普遍具有独立的意识和愿望，但有调查显示在这一阶段，女性比男性更赞同父母权威的合理性，而男性则会期望更早获得行为自主权。[154]这表明不同的角色期待在个体社会化的过程中，已经被内化为一种稳定的"性别图式"，并引导其表现出与传统性别角色要求相一致的行为。[154]这使得男生比女生更渴望摆脱对父母的依赖：

————————

① 整理自 2008 年 1 月 12 日访谈笔记，访谈对象为甲校男生。
② 整理自 2008 年 1 月 8 日访谈笔记，访谈对象为甲校女生。

男生长大了以后，跟家里沟通就比女生少一点儿，觉得什么事情自己就能够完成了，而且有时候不想去请示或跟家长沟通。男生遇到什么生活问题或烦恼的时候，基本上也会自己去解决，或跟朋友谈，跟家里沟通可能就少一些。可能就是这一阶段。现在比原来更成熟一点儿，是责任心也好，对家庭之间的关系的看法也有所变化，感觉家庭在心目中更重要了。[1]

由于传统上男性被期待着要独立、要有主见、有出息，因此男生在青年期自我意识发展过程中，往往会体验到比女生更强烈的内心矛盾。他们渴望做自己的主人，不被其他人或事情所控制，然而在现实中却又不得不时常压抑自己。首先，伴随着性生理的成熟，男生比女生有更强烈的愿望接触异性和与异性交往。虽然男生在性生理上的成熟较女生要晚大约 1—2 年，但是在性意识的发展上男生却比女生快。[100]208 有研究表明，男生比女生更容易产生性幻想，更渴望性体验，更积极地与固定异性对象交往。[155] 这些都表明，男生对性的需求比女生更强烈。但是由于家庭和学校对"性"的避讳，对"恋爱"的否定态度，以及紧张的学习生活等诸多方面的约束，他们比女生更容易感到性压抑，感到无法正当地释放和有效地转移自身的生理能量。同时，在以学习成绩为核心的一元评价体系下，学什么和怎样学被严格地厘定在书本知识的掌握和做题上，有意地忽略了学生在学习兴趣和能力上的多样性。对于比女生更加渴望自主的男生来说，这种被压抑的感觉与他被期待的性别角色是极不相称的：

由于有高考这个槛，所以受限制比较多，有时候就像是义务要做什么似的。男生更早就去想独立，有一种更强的自我掌控的愿望，或者说倾向，所以他感觉要比女生自我掌控感低，或者比例大一些，这是正常的现象。[2]

研究者：数据得出男生的自我掌控感，就是自己做自己的主人，不被他人或事情控制的感觉，普遍较低，你赞同吗？

---

① 整理自 2008 年 1 月 7 日访谈录音，访谈对象为甲校男生。
② 整理自 2008 年 1 月 8 日访谈录音，访谈对象为乙校男生。

张晖：赞同。

研究者：能解释一下吗？

张晖：感觉身不由己吧。

研究者：能否具体一些？

张晖：要高考，很不爽！①

　　对于人来说，社会只是生活的必要条件，而生活本身的意义和质量才是生活的目的，只要一个人愿意，他/她完全可以远离社会过自己所追求的那种生活。[101]9但是，生活在社会里就不得不面对各种社会的规范和标准，因为一个庞大的现代社会离不开各种社会机制的运作，包括法律、管理制度、教育体制、审查制度等日益发达的程序秩序。然而，在社会机制中的生活绝不意味着为了社会机制而生活，因为这样的生活就会变成别人的生活，或者是替别人生活。[101]9

　　不幸的是，让当今青年学生所感到茫然的，正是无法找到自己的生活。正如上面那位同学所言，参加高考就好像是完成一种义务似的。一旦高考结束了，便"显出毫无战斗力的样子，混日子"。② 因为"为了高考而高考"这样的生活，不是学生自己想要的，是学校和家庭强加的。一位班主任老师说得实在："先考入高校，然后再追求幸福。"③ 然而，幸福是过程与实在的统一，不是一个"先怎样，再怎样"的方程式。没有了过程也就没有了实在，追求幸福的过程本身也蕴涵着幸福，尽管这个幸福可能会是夹杂着痛苦与欢乐的，是一种不完善的过渡。按照传统的观念，女性的生活本来就是要依附于他人，那么为别人或者替别人生活似乎也还可以接受。但是，对于一个男性来说，这样的生活是无论如何不可忍受的。尤其是对于青年男子而言，不能自己掌握自己的生活，体会不到生活的意义，的确是一件痛苦的事情：

研究者：数据显示男生在高中阶段对生活意义的体验较低，你认同吗？

吴铭恺：认同啊。

研究者：为什么呢？

---

① 整理自 2008 年 1 月 6 日访谈笔记，访谈对象为甲校男生。
② 整理自 2008 年 1 月 6 日访谈笔记，受访者为甲校男生。
③ 整理自 2007 年 6 月 15 日访谈笔记，受访者为甲校班主任。

> 吴铭恺：因为没有生活而言嘛。每天都太规律了，目标太单一了。……高
> 　　　　中生活单调，而且，没有让我预见的益处。
>
> 研究者："没有让我预见的益处"是什么意思？
>
> 吴铭恺：因为在高中受的教育，我一点儿都不乐意。……经常逃课。最后
> 　　　　的结果是被某大学录取，就这么无奈……
>
> 研究者：那么，你觉得生活应该是什么样的呢？
>
> 吴铭恺：生活……就是尽自己可能，使自己的存在有利于别人，使更多的
> 　　　　人因为你而幸福。①

　　社会好似一面镜子，人们可以从这面镜子中看到自我。纵观国内社会性别观念的发展，男性的传统性别角色并没有发生过太大的改变。尽管在20世纪中叶，妇女运动曾经得到过蓬勃的发展，"男人和女人都一样"了。但从本质上讲，其实所谓的妇女解放，只不过是女性向男性靠拢而已，男性"修身、齐家、治国、平天下"的性别角色并没有受到根本性的挑战。所以，随着经济社会的发展，男性在社会中的主导地位很快就恢复了。虽然在现代多元化的影响下，男性也开始承担家务，照顾子女，支持女性追求事业，但是这并不构成主流文化。生长在传统性别观念大幅度回潮的当今社会里，男生从父母、同伴、老师和媒介中获得的大量信息，使他们在自我意识中建构了一个"独立、做大事情"的理想自我。然而，现实的束缚却让他们感到无法施展拳脚，使他们对生活意义的体验远远低于女生：

　　高中生活比较程式化一些，大学里生活意义感确实比高中强了一些。高中有时感到只是为了考大学做这么多事情，生活意义感就不是很强。男生可能更渴望能施展自己的拳脚，或者是更加自立、独立一点儿，更喜欢想去做大事，女生则不会有这种想法。②

四、男女生幸福感差异分析

　　人对自身状况及其周围关系的认识、感受、评价和调节控制构成了个体的自我意识。[100]140童年期是自我意识发展的客观化时期，主要体现为

---

① 整理自2008年1月8日访谈笔记，受访者为甲校男生。
② 整理自2008年1月12日追踪访谈录音，访谈对象为乙校男生，现为某高校学生。

生理自我（对自己身体的意识）和社会自我（对自己在社会关系、人际关系中的角色的意识）的发展，是指向外部世界的、模糊的、被动的、不自觉的。而青春期则是自我意识发展的主观化时期，主要体现为心理自我（对自己心理的意识）的发展。这时原本完整的自我意识开始发生分化，自我被分化成作为观察者的自我和作为被观察者的自我。"自我"是相对于"非我"来说的。英语中的 I 和 Me 能很好地区分这一含义，用做主语的"我"是行为的主体，用做宾语的"我"是行为的客体。处于观察者地位的"I"是"理想我"（主体我），而被自己观察的"Me"是"现实我"（客体我）。[100]148自我意识的分化意味着自我矛盾的产生。"现实的我"与"理想的我"之间的矛盾和距离，往往会在青少年的内心世界产生强烈的情绪体验，时常让他们感到不安与痛苦。研究发现，学生主观幸福感的性别差异，正是来自于男女生在"理想我"上的不同。

　　青年期随着性心理的成熟，男女两性开始更加关注自身的性别角色，积极地内化家庭、学校和社会对自身的性别期待，形成自身的"性别图式"，并作出与自身性别角色相一致的行为。由于现实社会中性别刻板印象的存在，女生在其"性别图式"中，形成了女生在大脑功能和思维方式上不占优势的刻板印象，所以希望"理想的我"能够通过后天的努力，获得优异的成绩，以此证明自己并不比男生差多少。在行为上的表现便是女生比男生更看重学业成绩，而学业成绩的高低又直接影响到她们的自信心和幸福感。虽然，看重学业成绩难免会带来更大的学习压力感，但是只要付出了努力，就会相对缩小"理想我"和"现实我"的差距。

　　与女生不同的是，男生在其"性别图式"中，形成了男生比女生聪明、注定是要做大事情、不必像女生那样"分分必争"的刻板印象，希望"理想的我"能够驾驭自己的环境，施展自己的拳脚。在行为上的表现便是男生不是十分看重学业成绩，但是比女生更加叛逆，比女生更希望以成熟男性的形象吸引异性，不喜欢在学习上和情感上受到束缚。但是，束缚是客观存在的，不是通过自身努力所能够摆脱得了的。在学校里死板的书本学习，对恋爱的限制以及高考的压力，使他们不得不压抑自己，感到在"理想我"和"现实我"之间存在着巨大的难以跨越的鸿沟。这种差距感最终导致他们在幸福感体验上低于女生。

第三节　制造差异与遏制差异——
男生女生都不幸福

关于性别与教育的研究，最早是在 20 世纪七八十年代，由美国女性主义学者所发起的。国内教育理论界在这方面的研究也起步较早①，80 年代末就有学者提出教育要因"性"施教。[156]但是随着社会经济和文化的转型，传统性别观念的回潮，大量的相关研究都是从女性主义视角切入的，因此所谓的因"性"施教也只是局限于呼吁在教育中给予女生更多的关注。到了 21 世纪初，有学者开始指出学校这种不分性别的教育，在实践上是不利于男生的发展的。[147,157]无独有偶，在美国"女生成绩优秀导致男生处于困境之中"的观点，也正在成为教育的讨论话题。克里斯蒂娜·胡夫·索姆斯在《为男生而战》中，对男生和女生在学校中的状态进行了综合评价，认为学校中对男生的性别偏见正在加剧。[158]而"男生危机"更是被作为头版刊登在了 2006 年 1 月的《新闻周刊》（News Week Magazine）上。[159]

一边是教育中女生仍然受到不平等的对待，另一边却是男生正在受到伤害，到底是两性平等任重道远，还是女性主义走过了头？一个性别的发展必然要牺牲另一个性别的利益吗？因"性"施教暗含着的是两性二元对立的观念。虽然大量脑科学研究和心理测试表明，男女两性是存在差异的。但是，这些研究和测试并没有告诉我们，在一个性别组中个人的差异远大于性别组之间的平均差异；它们也没有告诉我们这些差异是不稳定的，可能发生变化的；②它们也没有告诉我们，在报告差异的同时，有多

---

① 此部分内容还可参见：王树洲. 中学生性别心理差异与教育 [J]. 心理发展与教育，1988（4）：57－61.

② 美国的心理学家珍妮特·海德（Janet Hyde）认为在不同背景下使用不同的测量方法，性别间的差异与共性在不同的年龄段会呈现出相当大的量变。参见：苏珊·麦吉·贝利. 教育男生和女生：性别平等教育的启示 [J]. 周鸿燕，译. 华南师范大学学报：社会科学版，2006（6）：34－38. 阿兰·费恩高德（Alan Feingold）调查了 1947 年至 1983 年美国儿童学校智能测验中的性别差异，发现存在常见的差异，即女孩的口头能力比男孩强，男孩在完成空间和数学问题时比女孩强，但是研究者也同时发现，这些差异随着调查年份而"急剧缩小"。参见：罗杰斯. 大脑的性别 [M]. 李海宁，译. 北京：生活·读书·新知三联书店，2004：2.

少相似性被有意屏蔽掉了;① 最为重要的是，它们没有告诉我们，是什么导致了差异。

神经科学与动物行为学教授莱斯蕾·罗杰斯（Lesley Rogers）检视了对大脑与行为性别差异的种种科学解释，发现在每一个时代，对自然性别和社会性别差异的科学结论，都包含着大量当时文化的折射。在《大脑的性别》一书中，她批评了用遗传和激素来解释大脑结构和功能性别差异的简约主义思维方式。[150]92 同时也指出，一个有生命的有机体在发育过程中的种种错综复杂的因素不能被彼此分割开来。在不考虑遗传和激素的因素下，孤立地强调经验的影响也是不可取的。基因、激素和外界刺激是相互作用、相互缠绕的。[150]105

男生与女生的确在很多方面不同，但是女生和女生之间，男生和男生之间也存在着差异，并不是所有的男生数学都好，也不是所有的女生都擅长语言。我们不能因为男生与女生在学校表现有所不同，而认为这些不同是由两性之间内在的、不变的差异导致的。[159] 印第安纳大学金赛研究所的琼·瑞妮丝（June Reinisch）和她的同事认为，在生物和环境因素的相互作用中，存在着一种"增值效应"。他们认为，遗传和激素的差异决定了生殖器和大脑在出生前的性别差异，但是这种差异所导致的两性行为差异是相当微小的。从出生开始，性别间的行为差异被"个人和社会环境间连续不断的相互作用增大了"。而在青春期，当两性身体在发生巨变的时候，社会期待和社会反应扩大了两性间的行为差异，"进而强化了行为的性别差异"。[150]104 所以，刻板化的性别角色，以及家长与老师对学生持有的差异性期待，是造成两性差异的重要原因。

由于性别刻板印象的存在，男生和女生的差异性在无形中被夸大了，家庭、学校、社会，甚至学生自己都参与其中，推波助澜，人为地造成了"非此即彼"的性别二元对立。而在这个过程中，学校作为社会文化的"容器"[160]，成为了传统性别观念的科学代言人。它用统一的评价标

---

① 西卡森特米哈伊（Csikszentmihalyi）等人对 200 名天才少年进行了历时 5 年的研究，发现虽然传统上认为成就倾向性是男性的特征，而感觉敏锐则是女性的特征，但是在他们的样本中，更多体现为一种雌雄同体的特征。也就是说男女生都既具有成就倾向性，又感觉敏锐。参见：Mihaly Csikszentmihalyi, Kevin Rathunde, Samuel Whalen. Talented teenagers：the roots of success and failure [M]. London：Cambridge University Press, 1993：244.

准——成绩，向家长和社会宣布："客观事实表明男生和女生是不一样的。"那么，学校制造出男生女生的客观差异，是为了尊重性别差异吗？显然并非如此，学校最关心的是学习的效率和成绩，或者更确切地讲，学校最关心的是各科的综合成绩。人们常说："好学生科科都好"，所谓"全面发展"在教育实践的语境里其实就是"全科发展"（不包括副科），好与差的最高评价标准就是总成绩。因此，在教师的眼里事实上是没有男生和女生之分的，只有好生和差生之分。

一方面是制造和肯定差异性，另一方面是遏制和否定差异性，学校这种矛盾性的教育心理，让大多数内化了差异性的男生和女生感到无所适从。传统性别角色与"好学生"之间的对立和冲突，导致了男生和女生的双重认同危机。在传统的"性别图式"里，男生是"聪明的、掌控的"，女生是"温柔的、依赖的"。但是在现实中，"耍小聪明"让很多男生与"好学生"无缘，从而听命于女生，失去了"掌控权"（在基础教育阶段当干部的基本条件就是学习好）；而女生也同样面临着一个痛苦的选择：要么，按照传统的性别角色，做一个乖乖女；要么，拼命按照男性的标准，做一个女强人。其结果便是，男生女生都不幸福，两性俱伤。

本 章 小 结

本章根据数据分析，对参加问卷调查的部分学生进行了半结构性访谈。访谈发现，受传统性别观念回潮的社会大气候影响，男女生的性别观念比较保守。"男生比女生有读书优势"的性别刻板印象，在学生中相当普遍，这使大多数女生没有男生那么自信。为了证明自己不比男生差，女生普遍比男生更看重学业成绩，将更多的时间花在学习上。男生则不太计较学业成绩，相比之下更加相信自己的能力，倾向于将更多的精力投入到书本学习以外的活动上，有更多的机会认识自我，因而在成绩焦虑适度感上得分较高。

同时受男人应该"修身、齐家、治国、平天下"的性别刻板印象的影响，男生比女生更加叛逆，更加讨厌束缚，希望自己能做大事情，而不是为了高考这么一点"小事"耗尽所有的时间。然而，在学校教育中，束缚是客观存在且异常强大的，这往往使男生感到在"理想的我"和

"现实的我"之间似乎有一道不可逾越的鸿沟，让他们感到十分茫然，难以感受到生活的意义，从而导致男生在幸福感总体得分上低于女生。

男生主观幸福感低于女生，是否意味着学校的教育体制在本质上更加有利于女生，而不利于男生呢？事实并非如此。访谈发现，造成学生主观幸福感性别差异的根本原因在于，男女生心目中的"理想我"与"现实我"之间的差距不同。受传统幸福观念的影响，男生的"理想我"明显要高于女生的"理想我"。在高考的约束下，"理想我"与"现实我"之间的差距，让男生感到一种不确定的焦虑。一旦挣脱了这个束缚，在趋于男性化的文化环境中男生很快就会弥补差距，找回自我。因此，男生幸福感低只是短暂的、阶段性的。

而女生虽然在表面看上去"理想我"与"现实我"之间的差距不如男生大，但将自己的"理想我"定位在传统女性性别角色上，对女生未来的发展是不利的。访谈和一些相关的调查研究发现，在女大学生中，认为"毕业工作不好找，不如快点儿找个人嫁了"的想法较为有市场。这说明学校教育并没有自然地提高女性的独立意识，反而在一定程度上承担了传统性别角色分配的作用。如果把自己的幸福寄托在男性配偶的身上是出于女性自己的意愿而不是强加的，这本身并无可厚非。但问题是，我们并不知道女性的选择在多大程度上是出自她本人的意愿，还是在重复人们灌输给她的观念。

所以，学校教育一方面遏制个体的差异性，另一方面又扩大性别差异，这对学生当下的和未来的幸福都极其不利。而且，无论是"为女生而战"还是"为男生而战"都有可能泯灭个体的差异性。因为，当我们根据孩子的性别来决定他/她应该学什么和怎么学的时候，我们便忘记了他/她作为个体的独特性。"良好的教育要能对人的心灵发展起到促进作用，必须依照人的生长进程，遵循人的自然行程，加以合理安排。"[128]15对男孩和女孩的教育都应遵循其作为一个独立个体的特殊成长，而不是他们的性别。

第七章　研究结果分析

第 一 节　研 究 结 论

1995 年 3 月，社会发展问题世界首脑会议通过了《社会发展问题哥本哈根宣言》以及《行动纲领》。这标志着在人类文明发展史上，一个以"经济发展和财富积累"为中心的社会发展战略向以"人"为中心转变。什么是幸福，如何追求幸福，再一次成为了人们关注的焦点。社会学、政治学、经济学、认知科学、神经生理学、心理学、哲学、伦理学，每一个学科都从自身的学科角度出发阐释着幸福，但每一个学科都只是揭示了幸福的一个真实的侧面。如何将这些学科的洞见整合起来，展示幸福的多样性、抽象性和复杂性呢？社会控制论作为复杂性科学的一个领域，为我们提供了一个建立在整体性基础上的研究视角。在这个视角下，个体被看做是一个积极主动地观察着、反思着的行为者系统。通过各种因果反馈机制的反馈环，个体行为者系统与其系统环境进行着复杂的信息交换，并在这个过程中逐步地形成自己的幸福观念，努力去实现它。

　　本研究认为学生是居于家庭、学校和社会等系统环境所组成的信息网络中心、能够进行高级信息处理的个体心理系统。通过分析学生的幸福观念和幸福实在，我们可以回答以下三个问题：（1）学生所持有的幸福观念及其所反映的教育问题是什么；（2）学生所感受到的幸福实在及其所反映的教育问题是什么；（3）学生的幸福观念与幸福实在之间是否存在差距？造成这种差距的原因又是什么？对这三个问题的回答是从学生幸福感的构成、影响因素及现状分析的实证研究入手的。长期以来学校教育给人们带来的不幸福感，是当前国内教育理论界关注幸福问题的一个促因①。这种不幸福感在许多公众、政府官员甚至教育工作者看来就是课业负担问题。自 20 世纪末以来，减轻学生负担一直是各级政府教育工作的重点。然而，负担越减越重，素质教育举步维艰，学校教育的去人性化将学生、家长、教师置身于沉重的身心压力之下而深感不幸。一项项改革措施的提出，一道道政府令的颁布，中小学生的课业负担却有增无减，说明改革还没有触及问题的实质。是不是课业负担减轻了学生就幸福了呢？据此，本研究提出如下两个研究假设：（1）学习压力是构成学生主观幸福感的一个主要维度；（2）学习压力对学生幸福感具有显著的负向影响。借助心理学上的主观幸福感的概念，结合大量的学生、家长及教师访谈，本研究对学生的幸福观念和体验进行了初步的探知。

　　实证研究的结果拒绝了前期的研究假设。从上海市实验性示范性高中高三学生幸福感的构成来看，作为学习压力主要压力源的成绩焦虑和课业负担，只是前者形成了一项独立的幸福感指标，但效应并不显著。而受到社会普遍关注的课业负担，只是部分地反映在学生的自我掌控体验指标当中。这说明上海市高中生虽然可能会因为升学压力较小而体验到较高的成绩焦虑适度感，但这一点并没有在很大程度上提升学生的幸福感。可见，课业负担并非是影响上海市高三学生主观幸福感的主要因素。相反，我们发现学生的幸福感更多来自于两个方面的满足：一是和谐关系；二是自主体验。前者包括与己的关系（自我满意），与至亲的关系（亲子关系），与朋友的关系（同伴关系），与社会的关系（生活意义）；后者包括自我掌控和成绩焦虑适度感。其中，"积极同伴关系体验""自我满意体验""生活意义体验"对学生主观幸福感都有非常显著的正向影响，但成绩焦虑适度感体验的效应并不像想象中那么显著。这表明高考虽然是重要的，但是对于 17—19 岁的青年学生而言，在"我是一个什么样的人"，"生活

---

① 参见第一章第二节中"对'教育'和'幸福'的概念界定"的相关内容。

的意义是什么", 以及"如何与同学和朋友友好相处"等问题的思考上, 如果不能够得到满意的答案, 将会极大地影响学生的主观幸福感受。同时, 对学生主观幸福感的现状进行数据分析发现, 高三学生主观幸福感处于中等略偏下的水平, 在整体水平上并不像人们想象的那么低。从高三学生主观幸福感各维度得分的分布情况来看, 成绩焦虑感适度体验属于中等偏下水平, 比较符合高三学生的实际情况。此外, 数据还表明学生主观幸福感存在着显著的学校差异和性别差异。女生在成绩焦虑感适度体验上的得分明显低于男生, 男生在亲子关系、自我掌控感和生活意义体验上的得分明显低于女生。

　　为了对数据结果作出更准确、合理的分析, 本研究又结合问卷调查进行了大量访谈。访谈的结果印证了前期量化的研究。访谈发现学生对幸福的认识较为趋同, 受访者更多地关注个人在物质上和精神上的满足, 强调人际和谐, 而对国家、社会以及人类的幸福, 几乎没有人谈及。此外, 男生和女生对幸福的理解表现出较强的性别刻板印象, 男生比女生显得更有抱负, 更希望做大事情, 而女生则更倾向于家庭。在幸福实现的途径上, 学生的选择基本上也是一致的, 普遍倾向于获得一份稳定的工作和收入。进一步分析学生幸福观念的形成发现, 社会文化环境为学生输入了人际和谐的幸福观念; 社会变迁和父母生活态度则主要为学生输入了物质幸福和传统的性别观念; 学校教育没有构成学生幸福观念的重要输入系统, 但是学校教育在学生内化上述幸福观念的过程中起到了极大的强化作用。在以成绩为主的一元评价体系下, 学校教育"科学"地证明了男生和女生在学习上确实存在着差异, 并通过教材和教师, 隐性地强化着学生的性别刻板印象。同时, 由于片面关注书本学习, 学校教育"有效地压制"了学生的学习兴趣, 对学生在成长过程中遇到的各种压力和成长的烦恼都疏于引导, 使他们转而追求学习中更为功利的一面, 并倾向于在精神上追求"没有压力和烦恼"。从学生幸福现状的分析中发现, 高三学习压力对学生幸福感的直接影响较小, 但是它间接地造成了学生自我掌控感的缺失和心理上的孤独感。其中, 自我掌控感的缺乏尤其让内化了传统男性性别图式的男生, 感到在"理想我"和"现实我"之间存在着巨大的差距, 从而使他们在幸福感上的得分明显低于女生。

　　访谈还发现甲乙两校的课程文化都处于一种"学与考"的矛盾中,

而且普遍存在"教"决定"学"的教育权威主义，致使学生感到既无法跟着自己的兴趣走，又无法全身心地投入到应试当中。此外，学生在学校的生活及目标单一化，导致学生严重地缺乏不同广度、深度和频度的认知及情感体验，普遍表现出自我同一性发展缓慢，对自我、对生活、对世界的认识完全依赖于外部环境的信息输入，没有形成积极且相对稳定的自我意识，因而在生活上表现出一种依赖型的幸福，比较满足于在物质生活上依赖父母、在学习生活上依赖学校和老师的生活状态。

第二节　本研究的几点启示

一、学校教育缘何没有构成学生幸福观念的重要输入系统

社会控制论认为个体是一个进行复杂信息处理的行为者系统，而群体、组织、社团、集体、国家等则是行为者系统的集合，并在某些情况下构成更高水平的行为者系统。[①] 就学生个体而言，社会文化系统是其系统环境的最高行为者系统，它通过家庭和学校等次级行为者系统间接地影响着学生幸福观念的形成。然而本研究发现，学生对幸福的认识与理解，更多来自于家庭生活的变迁以及父母的生活态度，而非学校教育。对于大多数受访者，从学校获得最多的，仅仅是学到了一些知识和交到了一些朋友。学校教育并没有构成学生幸福观念的一个重要且积极的输入系统。

当然，这并不意味着学校教育没有在输入信息。事实上，思想品德教育一直就是学校教育的一个重点。我们从小就教育学生要热爱家乡、热爱集体、热爱祖国；爱人民、爱劳动、爱科学。但是"输入"不等于"接收"，更不等同于"内化"。从受访学生对幸福的认识来看，人类的幸福以及国家与社会的幸福在多数学生眼里，远不及个人及家庭幸福重要。可见，学校的德育实际上收效甚微。访谈中，有教师认为这一现象的存在，问题不在学校，而在于家长和社会。的确，学校作为社会的子系统，它同时吸纳着来自不同家庭背景和社会层次的学生及教职员工，各种信息与因素交织在一起，单单将责任归咎于学校教育是有失公允的。但是，学校教

---

① 参见第三章第一节中"核心概念的界定"的相关内容。

育本身真的就不存在问题吗？显然事实并非如此。

（一）学生在学校教育中缺乏一个连续而有效的教育环境

20 世纪五六十年代，科尔曼对当时的公立学校、天主教学校以及其他私立学校进行了大量的实证比较研究。[161] 研究发现，天主教学校不仅在学生学业成就上优于公立学校，而且在迎合美国公共学校的理念上也比公立学校做得更好。科尔曼认为，天主教学校之所以取得上述成果，主要是因为学校与学生共同分享了高水平的"社会资本"。这个"社会资本"是在家长、学校管理人员和共同体成员之间相互联系与协商的基础之上，共同培植起来的，其主要特征是同质性的价值体系和相对密集的社会关系网络。由于这样一个社会资本的存在，家庭、学校和社区共同为学生营造了一个超越校园的、连续性而有效的教育环境。科尔曼认为学校是嵌于它周围的共同体当中的，这些共同体被称为"功能共同体（functional community）"，而社会资本就存在于围绕在学校周围的社会结构闭合之中，对学生的学业成就和学校本身的发展具有着重要影响。[162] 根据科尔曼的观点，一个自我封闭的学校教育体系是很难走向成功的。

1988 年 12 月，中共中央颁布的《关于改革和加强中小学德育工作的通知》指出："关心和保护中小学生健康成长，不仅是教育部门和学校的职责，而且是全社会的责任和义务。要把社会和家庭教育同学校教育密切地结合起来，形成全社会关心中小学健康成长的舆论和风气。"次年，国家教委再次颁布《关于进一步加强中小学德育工作的几点意见》强调："教育行政部门和学校，要主动争取家庭、社会各方面的支持和配合，在实践中探索三结合教育的形式和方法。"但是，从二十多年的实践来看，基础教育中的家校合作仍然存在着很多问题。其中，最大的问题便是学校教育常常以"专业"自居，固守自身的教育理念和模式，排斥多元的教育文化。在以"家校"为主题的文章中，家长的角色普遍被描写为辅助的、配合的、应该理解学校的、需要接受教育的；而学校的角色则永远是核心的、主导的、需要被理解的、应该提供培训的。家校角色分配的这一格局充分体现了人们的一种教育权威主义思维定式：（1）学校是唯一提供正规教育的地方，家庭教育只是辅助学校的需要；（2）家长没有专业知识，不懂得教育，没有资格到处指手画脚。[163] 反映到实践领域中便是家校合作的形式化：家校联系松散且以学校发起沟通为主；家校沟通单向化；[164]家长与教师之间互相推诿责任。[165]

　　一项针对上海市幼儿园的"十五"规划课题研究发现，幼儿园在与家长沟通中，比较注重发挥家长作为参与者、旁听者和观察者的作用，而家长的组织、评价、设计和监督的作用却没有得到体现。[166]研究者还发现，家庭教育讲座主要围绕着"如何保证孩子的营养""如何开发孩子的智力"等主题展开，而针对幼儿的品德和心灵的教育则相对缺乏。另一项针对中小学生家校合作现状的抽样调查显示，对家校合作现状，家长满意度为61.28%，教师满意度为64.48%，均不到2/3，这说明目前中小学家校合作的现状不容乐观。[167]存在的主要问题有两个方面。第一，家校合作没有专门的常设组织机构，家校之间互动较少。从校长问卷中可以看出，校长主要在家长接待日接待家长，随时接待只占4.1%。教师偶尔进行家访的也仅为50%，经常进行家访的只占10%左右。第二，家长和教师的合作仍停留在督促学习等简单的、低层次的水平，教师和家长对学生教育以及家校合作的认识尚未达成共识。[167]

　　上述各项研究表明，学校评价体系的单一化是阻碍学校由封闭走向开放的原因。学校愿意与家长合作，其宗旨是促进学生学业成绩的提高，这导致了学校与家长之间有选择地合作。而家长对学校的意图也心照不宣，希望自己的积极配合能够给教师留下良好的印象，毕竟学生的权益在学校里是没有多少制度保障的，任何家长都不希望教师将家校的冲突转嫁到孩子身上。所以，家长在与学校的沟通中，多半是自愿充当支持、配合甚至是忍气吞声的角色。家长对学校教育有什么意见，大都倾向于采取自我安慰或私下抱怨的方式，而很少会与学校发生正面冲突。随着教育阶段的变化，学校的强势地位也越发凸显出来，在学前和初等教育阶段，家校尚存在协商的可能性，而到了高中阶段家长便集体"失语"了。

　　学校在学生教育上的支配地位，在学校与社区的合作中也可窥见一斑。在国内，具有现代意义的社区教育，最早形成于20世纪80年代中期的上海。[168]2000年，中共中央办公厅、国务院办公厅转发《民政部关于在全国推进城市社区建设的意见》，社区建设在中国经过十多年的酝酿和两年多的实验，开始全面进入启动阶段，[169]社区教育也因此在全国范围内得以普及和发展。但是，从一份全国范围的社区与中小学相互开放教育资源的调查分析中，我们看到学校开展社区教育活动的总体情况并不理想，约40%的样本校基本上未开展过社区教育活动。[170]各级学校参与社区教育活动的情况，以小学多于初中、高中为主要特点。此外，学校把教育资源向社区开放的积极性也不是很高。有38.8%的样本校未向社区开放任何教育资源。其他一些学校虽然开放了某些教育资源，但开放的教育资源大多结构简单、不易损坏，教育信息含量相对较低。

在社区教育起步较早的上海市，情况似乎要好一些。但仍然存在学校师资、教学管理活动和图书资料开放程度较低[171]；学校与社区的联系还比较松散，对社区资源的利用率也不高；社区与学校之间的沟通仍处在浅层次和低水平上，还缺乏一种利益共事和保障机制[172]等问题。可见，就目前国内的整体情况来看，社区与学校的沟通与互动还远远不够。这一方面受制于城市建设和社区发展的整体水平，另一方面则体现了人们在教育问题上的权威主义取向。就家长和其他共同体成员而言，学校是唯一提供正规教育的地方，出于对权威的依赖和屈从心理[173]，民众的参与意识整体上较低，因而在沟通中显得十分被动。学校作为已经高度制度化了的教育，出于对自身权威形象的维护，也本能地排斥民众的监督和参与决策。当学校不得不与家长或社区发生关系时（或者是出于教学的需要，或者是为了应付差事），它便采取主动沟通的形式控制沟通的内容，使整个沟通与互动朝着有利于自己的方向发展，从而在沟通中总是处于一种掌控的、核心的地位。

学生是一个完整的生命体，学校教育是无法从学生的生活中割裂出来的。人的教育不能也不可能完全由学校单独完成，家庭、社区和学校是一个学生日常生活实践的有机组成，只有三者平等地参与和协调制衡，才能够为学生创造一个连续的、有效的教育环境。"学校的目标是对家庭教育加以完善"，[123]12而现代学校将家庭和社会的教育职能抽离出来，关起门来传递建构好了的知识的传统教育模式，不但难以达到自身的教育目的，也已经越来越不适应社会发展的趋势了。[174]学校应该为学生提供更多的课堂之外的学习机会，而不是将学生关在学校里，困在课堂上。终身学习的理念意味着学习不是一次性的产出，学校不再是、也不需要是教育的权威。

（二）认知无法代替情感体验

美国批评家苏珊·桑塔格（Susan Sontag）在 20 世纪 70 年代，曾断言在当今社会里，人们仍然毫无进步地流连在柏拉图所说的洞穴之中，陶醉于虚假的影像而不是事实本身。[175]91 信息时代的发展，使人们足不出户，就可以方便快捷地获得各种信息，世界被无限缩小了。世界范围内涌现的大量信息，图像的、文字的、声音的，使我们知识广博而又麻木无知。关于灾难、不幸和社会不公等连篇累牍的报道，在唤醒人们良知的同时也泯灭了良知。那些原本震撼人心的事情在人们的眼中变得更遥远、更平常、更司空见惯。[175]103 对于人的情感而言，认知永远代替不了体验，知道和了解一件事，与亲身地参与和体验一件事，给人们带来的感受是截然不同的。当人的头脑里装载的各种知识越来越多的时候，情感也越来越抽象化，正如明明知道水资源在枯竭，却仍让自来水白白地流掉一样。

情感需要的是体验而不是灌输。如果我们认定教育的终极目的是人类的幸福，教育要以培养"地球公民"为己任，那么培养公民意识首先就要从做一个公民开始，而不是在课堂上纸上谈兵，因为没有情感的投入就无法产生发自内心的行动。然而在现实生活中，学校德育对知识灌输的青睐已经使学生的公民意识与他们的生活和情感完全脱离了，难怪有学者慨叹国内中小学的爱国教育是一朵"无根的玫瑰"。[176] 在调查问卷中有两个题目："我时常感到有责任使周围世界变得更加美好"，"我常常在帮助他人中获得快乐"，很多同学答"基本不符合或有点不符合"。当在访谈中被要求解释一下作出这一选择的原因时，学生的回答是这样的：

因为个人太渺小了，还不具备这个能力（使周围世界变得更美好）。①

有权力的人才能改变世界，我们这种无足轻重的人能改变什么？②

现在能做些什么呢？捐款不还是花父母的钱，等我有能力挣钱了再说吧。③

---

① 整理自 2007 年 6 月 27 日访谈录音，受访者为乙校学生。

② 整理自 2007 年 6 月 26 日访谈笔记，受访者为乙校学生。

③ 整理自 2007 年 6 月 15 日访谈录音，受访者为甲校学生。

我希望自己将来开个公司，然后设立一个慈善基金什么的，人总得先为己再为人嘛。①

当学生把对社会的责任和对他人的关爱意识寄托在权力和金钱上的时候，他们丝毫没有想到要从自我、从身边的小事做起，而这正是学校的公民教育脱离生活实践的必然产物。正如本研究一再强调的，在个体心理系统进行行为决策的过程当中，理性判断系统只是运用事实知识和规范知识形成个体对客观现象的主观评价，而行动的激情和动力则来自于情感系统。当前的学校教育过度强调事实知识和规范知识的灌输而忽视学生的情感体验，必然会导致激情和动力的丧失，使学生仅有良好的意愿却没有实际的行动。久而久之，这些良好的意愿便会退化成为一种外在于自身的、评价他人和社会的标尺，而"自我"则在"等明天"的自我欺骗中，心安理得地无所作为。

情感体验必须来源于生活，虚拟的、有计划的环境只能培养认知和技能。"实践"意味着情感不能被压抑和否定，因为情感也与人的其他能力一样用进废退。[49]"培养能力的自然方法是使用能力，给以锻炼"。[177]248情感体验需要一定的频度，而不是一年或一学期一次，比如"雷锋活动日"之类的形式化活动。情感体验还需要一定的广度和强度。在国内的一些情感教育理论研究中有一种倾向性，就是把情感教育等同于愉快教育，这是十分不可取的。[178]索绪尔（Saussure）认为，要真正确定一个概念的内容，必须借助在它之外的东西，跟其他可能与它对立的概念相比较。[179]人对积极情感的辨别与正确认识，离不开消极经历所提供的必要参照。失望、痛苦、挫折和生活中一些小事件的发生，是一个人成长的必要过程。但这并不意味着制造痛苦和挫折，而是指不去逃避这些消极经历。

除了频度、广度和强度以外，情感体验还需要积极的引导，特别是对一些消极情感的引导。我们必须让学生学会在什么情景、什么程度下可以依赖于自我的情感反应，以及如何去解释这一情感反应。[49]幸福是个体心理系统与系统环境的和谐，人作为一个自组织的行为者系统不但要接受自己（包括正确评价自我和在情感上接受自我），还要接受自己的客观环

---

① 整理自 2007 年 6 月 15 日访谈笔记，受访者为甲校学生。

境，[49]从而清醒地认识到什么是可能的，什么是不可能的；什么是能够达到的，什么是不能够达到的；什么是可以改变的，什么是不可以改变的。青年学生由于自我意识正处于发展的过程之中，思维的判断力不强，情感上易于偏激。如果学校教育只是一味地宣扬社会美好的一面，而不去引导学生正确面对社会消极的一面，就会使学生陷入一种矛盾的情感之中，最终产生对客观环境的拒斥。在调查问卷中，一些学生对"我觉得生活总是美好的"这一题目选择"完全不符合"，当问及原因时，他们的回答让人颇感沉重：

电视新闻里，很多领导人都讲责任心，有几个人做到了，还不都是贪官！①

社会很黑暗的，我连走着路都害怕自己被抢了，电视上不是经常报道嘛。②

学校教育有义务告诉学生，社会从来就不完美，而正是它的不完美，才使人们努力去改变。我们应该像接受我们自己一样，接受我们的环境。"接受"并不意味着无视痛苦和社会不公，而是对待现实社会要像接受我们自身的长处和短处一样，努力发挥其长处，弥补其短处。当一个人不能接受自己的环境时，他/她就不可能去关心它、爱护它，而这正是学生很少关注国家、社会以及人类的幸福的根本原因。

当然，幸福并不只是个体心理系统与外部环境的和谐，幸福还体现为系统自身的内部和谐，即个体情感系统的相对平衡上。21世纪初曾经有学者指出，幸福生活来自人们的心理生活质量，因此以培养人的心理素质为核心的心理教育，作为一种最基本的文化教育与生活训练，应该成为一种最为普及的教育。[180]2002年国家教育部印发《中小学心理健康教育指导纲要》，对中小学心理健康教育的指导思想、原则、任务与目标，不同年龄阶段的教育内容，开展心理健康教育的途径和方法，以及组织实施和实施过程中应注意的问题等，都作了明确的规定。[181]随即，中小学纷纷开始设置心理教师岗位，开展学生心理教育和咨询活动。然而访谈发现，虽然各学校都设置了心理教师岗位，但心理课在学校的学科地位却一直很

---

① 整理自2007年6月15日访谈笔记，受访者为乙校学生。

② 整理自2007年6月16日访谈笔记，受访者为甲校学生。

不确定。对于学校而言，真正出现心理健康问题的学生毕竟还是少数，最重要的还是抓学习。从心理课在学校的学科地位，我们可以看到，学校对学生的心理教育是不够重视的：

> 我们是高一开的心理课，当初很多老师都有异议，现在大家都比较接受了。这也是自己的努力得到了一种认可吧。现在有的班主任老师也会到我这里来咨询，班上某某同学心理上有些问题，这种情况应该怎么办？学生来咨询的也不少，但主要是高一、高二的，高三学生太忙。不过，心理课一直都是一个很飘的学科，像美术课什么的，主课老师时不时会来要课。我觉得自己算是比较幸运的，我们有的同学在学校当心理老师没有课上，就转向搞科研了。在学校里就是，没有课就没有地位。[①]

心理课在学校课程设置中遭遇的尴尬同样也体现在针对学生的心理咨询当中。访谈中，很多同学谈到自己的心理困惑，比如，有的对考试充满了焦虑，有的总是振作不起来，还有人走路总忍不住回头瞅，同寝室的同学睡得太晚影响自己休息，老师看不上自己等。学生存在这么多的心理困惑，为什么不去找学校的心理老师呢？一位曾经在父母的陪同下到华东师范大学做过心理咨询的同学是这样回答的：

> 我没想过找她（心理老师），也不想。那找外面的心理医生，我什么都可以说。她（心理老师）在校内，总是有点儿顾忌的喽。[②]

人只有在感觉到安全的情况下，才有可能倾诉自己的内心世界，这个所谓的安全首先就是倾诉人能够确信自己的倾诉不会被传出去，尤其是传到相关人员那里去。心理老师在学校是一个很特殊的角色。首先，他/她属于教师这个群体，但又不像主课老师那样和学生那么近。其次，他/她就在校内，又不像心理医生那样属于倾诉者生活圈子以外的人。这样一个似近非近的身份的确很难让学生感到安全。而且，在学生眼里心理老师的作用只是帮助大家放松一下，缓解一下学习疲劳，心理课的真正效果也并不像学者们期望的那样明显：

> 王欣：高一还蛮轻松的，有心理课，什么"成功加油站"嘛。
>
> 研究者：心理课上都学些什么呢？

---

① 整理自 2007 年 5 月 31 日访谈笔记，受访者为乙校心理教师。
② 整理自 2008 年 6 月 15 日访谈录音，受访者为乙校学生。

王欣：主要是学一些心态，就是不要太多压力呀，如何放松什么的。

研究者：那么这些知识对你在高三的学习有什么作用吗？

王欣：嗯……还是没有什么具体的用处。①

　　个体情感系统的相对平衡，仅仅依赖于知识和技能的教育是远远不够的，心理生活质量的提高离不开基于日常实践的引导。基于日常实践意味着很强的个体针对性，因此学校教育要促进学生的幸福，就不能仅仅依靠与学生不远不近的德育老师和心理老师，而应着力于改善泰勒式标准化教育生产模式。在学生主观幸福感的指标体系中，师生关系的完全缺失已经昭示了这种教育的危机。从影响人的发展的角度来看，教育是一个道德的事业，建立在"爱"与"信任"基础之上的师生关系所展现的教育意义是不言而喻的。[124]50当一个学生感受到来自老师的关心与信任时，即便是学习他/她最不感兴趣的科目，他/她也会感到欢欣鼓舞。然而，在现代师生脆弱的关系中，学生被视为教师追求名誉与提高自身待遇的工具，教师则被视为帮助学生通过考试的工具，不论是教师还是学生都被工具化了。当然，由于现代性在中国的语境中本质上还不"在场"或尚未形成，[182]中国的教育"不可能不带有工具性、生存性与功利性"[183]。社会优质教育资源的相对匮乏是一个不可否认的客观事实，而且我们也无法期望在短时间内可以通过考试改革或缩小班型来改善师生之间的关系，但这并不意味着我们只能无所事事。在现有的条件下建立一个全新的班主任制度仍然可以部分地解决师生关系问题。这种新的班主任制度就是以心理专任教师取代学科教师作为班主任，这样做的优势在于：（1）学生在班主任眼里是一个完整的生命体，而不是由分数和排名组成的"数字人"[184]；（2）班主任可以通过自身对学生的了解，建立与家长及各科教师的沟通，制定最适合学生个体的学习方式，避免学生被学科分割化；（3）班主任和学生的亲近关系有利于学生敞开心扉，从而获得最直接而有效的心理支持。

二、学校教育缘何造成学生的自我迷失

　　从系统信息储存的角度出发，个体心理系统应具备的系统知识至少包

---

① 整理自 2007 年 6 月 29 日访谈录音，受访者为乙校学生。

括以下三个方面：（1）自我认识，即系统形成的关于自身的知识；（2）规范知识，即系统形成的关于系统与外部世界之间关系的知识；（3）事实知识，即系统形成的关于外部世界的知识。其中，自我认识是系统最本质的、最稳定的、最核心的知识。个体作为一个认知、评价和情感的行为者系统，其行动的基础是对自身价值和情感的确信。因此，作为一个行动者，人首先要认识自我、肯定自我，包括正确评价自我并在情感上接受自我。

　　然而研究发现，很多青年学生因为不能够充分地建立起关于自身的核心知识，而盲目地接受系统环境关于"什么是幸福"以及"如何实现幸福"的信息输入，不能明确自身的需要，也不清楚自己所要追求的幸福到底是什么。神经生物学的最新研究①表明，人对自我的认识与对外界的认知在大脑皮层中是完全分离的两个活动模式；大脑自我认识皮层只有在自我沉思的内省中才会活跃起来，它只是人反思自身的感官体验并通过判断这些体验对自身的重要性，向外部世界作出反馈的区域。当外部的认知活动过于苛求时，自我认识区域会处于抑制状态。这一重要的研究发现说明过分地偏重认知输入，会导致学生对外在环境的过分依赖，而无法建立起主动了解自我和探索世界的习惯。如果一个孩子不能充分地了解和发展自我的兴趣，他/她就没有机会去认识自己和积极地发展自我同一性，也就没有机会真正长大。而一个没有机会长大的孩子是无法找到自己的幸福的，因为他/她从来也不知道自己到底需要什么。

　　那么，学校教育为什么会一味地偏重认知输入呢？从信息处理的角度来看，"教育"就是系统环境的信息输入，而"学习"则是系统对信息的接收。信息的接收可以是主动的，也可以是被动的。由此产生了两种有关"学习"的不同观点：一个是内在论；一个是外在论。[114]110 外在论是传统教育心理学的主干，它强调教育者如何从外面来促进受教育者的学习。在这个观点下，受教育者被视为纯粹的客体，而教育者则如同 19 世纪小说中的全知观点叙事者那样，他知道有关主角的一切，虽然那个主角自身倒未必知道。[114]111 内在论则与外在论处于不同的向度上，内在论强调交互主体性，它将受教育者视为积极而有意欲的存在者，它关注受教育者本

―――――――――――――
① 参见第四章第二节中"自我的迷失——被学习压力遮蔽了的成长"的相关内容。

身可以做什么，以及他/她认为自己在做什么。[114]111

一种教育对"人"的看法，决定着其主导的学习观及其所采用的教育方式。人是一个"积极的存在者"还是一个"消极的存在者"？犹如哲学中人们对"人性本善还是本恶"这个问题的思考一样，答案总是倾向于非此即彼。对"人"的这种割裂认识必然会导致学习观上的二元对立。当"人"被视为一个消极的客体，需要外界不断地输入信息来学习的时候，重复性灌输和训练就会成为首选的教育方式。但事实上，作为一个高级的信息处理系统，人是多种人格、性格、潜在性、统一性以及不确定性的复杂的混合体，任何在教育上的顾此失彼，都将造成人作为一个完整生命体的割裂。所以，当学校教育在学习上过分地强调外在论/客体向度，而忽视内在论/交换主体向度时，势必会导致学生的自我迷失。

人是"积极"与消极的统一体，一般认为"积极"就是肯定的、正面的，而"消极"则是否定的、负面的。但在心理学中，"积极"和"消极"是相对的。所谓的"积极"和"消极"是以个体为参照物的。一些被冠以"消极"的思想、态度、行为、感情和疾病，有时能够防止个体的情感和社会生活受到威胁，因而在实际上起到了保护个体的"积极"作用。[16]29这里的"积极"就是对个体或个体行为具有建设性意义的力量。那么，对于一个学习者而言，什么是最具有建设性意义的呢？

心理学家西卡森特米哈伊（Csikszentmihalyi）及其同事，对200名天才少年进行了5年的跟踪研究，发现"动机"是青少年发展自我天赋的关键，而这个动机不是别的，就是一个人的兴趣。[185]8"兴趣"并不是通常认为的持续的愉快经历，而是一种乐于迎接困难和挑战的情绪体验，西卡森特米哈伊称为福乐（flow）体验。所谓"福乐"就是对某一活动或事物表现出浓厚的兴趣并能推动个体完全投入到该活动或事物中去的一种情绪体验。这是一种包含愉快、兴趣等多种情绪成分的综合情绪，它是由活动本身而不是任何外在的其他目的所引起的。[16]153福乐体验在日常生活中并不少见，几乎任何事情——玩、工作、学习以及宗教仪式等——都有可能使人产生福乐的体验。[185]14之所以称为福乐（英文中flow是"水流"的意思），主要是因为当人完全地投入到某一活动或事情当中时，这种情绪状态便会源源不断地涌现，就像河里的流水一样。[185]14

追求福乐体验是人的本性。对于学习者来说，福乐就是对他/她的学习最具有建设意义的力量，它是推动一个学习者不断进步的原动力。如果一个学生在解数学题的过程中获得了福乐的体验，他/她便会千方百计地寻找机会在解更多题的过程中反复获得福乐体验，而在这个过程中，他/她的解题能力也会不断地提高。当挑战的难度已经不能与他/她的能力保持相对的平衡时，他/她便会产生厌倦，从而不再有福乐体验；这时，他/她只有在福乐失去的过程中去寻找新的挑战，解更难的题以重新获得福乐体验。

与福乐体验相对应的是两种非福乐体验：分离/厌倦（alienation/boredom）体验和茫然/焦虑（anomie/anxiety）体验。[185]162前者标志着自我与行为本身的分离，亦即个体迫于外在形势的压力而不是出于自我的利益产生某种行为。这种行为由于没有自我的参与，因而完全是被动的，而自我的许多特性也无法在行为中有所体现。茫然/焦虑体验最初来自于社会学的"失范"概念，是法国社会学家涂尔干最早提出的，主要指由于社会经济秩序的混乱或突变而导致个体产生的一种不知所措的体验。[185]162-165在心理学上，茫然/焦虑体验是指个体对自己生活的环境一无所知，对自己行为的后果不能确定而产生的一种情绪体验。[185]162-165

分离/厌倦体验和茫然/焦虑体验不一定就是消极体验。当这些非福乐的情绪状态能够激发个体寻求改变、追求福乐体验时，它们就是一种积极体验。反之，则是消极体验。对于一个学习者而言，分离/厌倦体验和茫然/焦虑体验可能是具有建设性意义的，也可能不是。问题的关键在于，在教育中我们如何将分离/厌倦体验和茫然/焦虑体验导向福乐体验；如何尽可能减少非福乐体验的消极影响，为福乐体验创造条件，使学生为了学习而学习，而不是为了任何外在的目的。

传统学校教育总是强调人作为一个消极的存在者，而忽视其积极的一面，因而在学习观上更加倾向于外在论/客体向度。当受教育者被视为被动的接收系统时，教育的一切努力就在于如何把教育者希望输入的信息灌输给这个系统，不管该系统是否愿意或者喜欢接受这些信息，就如同媒体里、街道上那些铺天盖地的广告一样。人们关心的是把什么样的信息，以什么样的方式输入给个体心理系统，而不是该系统本身的真正需要。但与广告营销又有所不同的是，学校教育很少考虑个体的"消费"心理。相反，任何信息输入上的不成功，最终都被归结到接收系统本身，比如"不努力、不上心、不刻苦、没头脑、懒惰、耍小聪明、不知道学习、不是学习的料"等。一个班级里除了少数能够作为学习榜样的优等生以外，大多数学生恐怕都可以被归入以上的任何一类之中，"学不会"永远是自己的事情。

然而，正像西卡森特米哈伊（Csikszentmihalyi）等人所指出的那样，学生不是计算机，能够接受任何清晰且合乎逻辑的输入信息，并按照要求进行信息处理。[185]9对于一个学习者而言，仅仅输入清晰且合乎逻辑的信息是不够的，这个信息还必须能够引起他/她的兴趣，教一个因没有兴趣而缺乏动机的人学习是彼此的浪费。学生是一个自组织的行为者系统，他/她不是外在于学习的消极的配合者，而是置身于整个学习过程之中，积极主动地观察着、反思着的参与者。如果不能充分地意识到这一点，那么学生作为一个独立的个体心理系统，在学校教育中就是永远不存在的，他们就会被概化成为标准化的数字，而这个数字什么也不代表，它只是告诉人们学生对信息的接收程度，不论这种接收是主动的还是被动的。

"我们相信每个孩子都具有这样或那样的天赋"，[185]5西卡森特米哈伊等人在他们的研究中写道："关键是文化和学校教育是否意识到并支持他们获得相关的技能"，"有天赋的儿童比例要远远大于有天赋的成年人。但是，我们并不知道有多少少年天才还没有机会表现出来就已经枯萎了"[185]2。

本　章　小　结

本章总结了量化与质性研究的研究结果。研究结论拒绝了前期的研究假设，证明学习压力不是构成影响学生幸福感的主要因素。相对于学习而言，学生更加关注自我满意、同伴关系和生活意义，而这些在学校教育中，都被所谓的"学习压力"所遮蔽了。在新课程改革中，学校的环境变得幽雅了，教学设施更加现代化了，校园活动丰富了（仅限于高一、高二），教学理念也更新了（至少在口号上）。然而，学生并没有因此而感到更加幸福。① 质性研究表明学生自我意识的成长与完善并未构成学校课程文化的价值核心，学校除了履行知识灌输与应试的职能以外，并没有成为学生幸福观念的积极输入系统，也没有为学生提供丰富的自我体验。学校教育似乎已经忘记他们的教育对象是一群正在成长中的青少年，而把全部重心投入到了完成教学与考试目标上。

"他们已经长大了，自己会关心自己了"，这恐怕是大多数初高中教师对待学生的态度。其实不然，他们还是渴求关心的孩子。如果说"人是由自己的生命实践铸成的，一个人怎样活着，就会成为怎样的人"[186]，那么这的的确确值得每一位参与其中的教育理论者、管理者和实践者认真地思考：我们在做什么，我们这么做到底是为了谁的幸福，我们所做的改革也好实验也好是学生真正的需要还是教育者或者说成年人的需要？任何一种教育实践的选择就意味对于学习者已有一套想法，因为教育的选择无可避免地会传递一套对于学习者和学习历程的观念，所以它本身就是一套带着讯息的媒介。[114]110那么实验性示范性高中在给我们传递着什么样的讯息呢？

诚然，就教育与幸福而言，学校教育自身是有其局限性的。不论是杜威的"教育即生活"，还是陶行知的"生活即教育"，都揭示了一个共同的真理，即我们无法将教育从生活中割裂出来。学校教育只有在与家庭、社会形成的平等参与和协调制衡的互动模式中，发挥其应有的沟通与协调作用，才能够培养出一个完整的、幸福的人。"教育问题不在于传播专门的知识或专门的技能，而在于发展人类的基本能力。"[177]337因此，学校没有资格以"专业"自居，家庭和社会也没有理由以"非专业"推卸责任，三者在人的教育问题上是互为补充的，哪一个也无法替代另一个。

幸福是个体情感系统的相对平衡，要帮助学生达到这种平衡，学校必须与家庭、社会携手为学生们创造具有一定频度、广度和深度的情感体验。当然，只是把孩子们推向生活，让他们自己去体验，并不是教育。教育意味着我们要对学生的情感体验加以引导，尤其是对一些消极情感的引导。这种基于日常实践的引导具有很强的个体针对性，它需要师生之间建

---

① 数据分析表明学生主观幸福感处于中等略偏下水平，参见第三章第二节中"实验性示范性高中高三学生主观幸福感现状"的相关内容。

立起良好的爱与信任的关系，需要教师将学生视为一个积极的存在，发现并引导他/她的心灵成长。也许对于国内当前的教育现状来讲，这几乎是天方夜谭。学校已经有那么多的教学任务需要完成，哪里还有时间关照学生的情感？卢梭曾说："人的智慧是有限的；一个人不仅不能知道所有一切的事物，甚至连别人已知的那一点的事物他也不可能完全都知道……因此，我们对施教的内容和适当的学习时间不能不进行选择。"[15]那么，对于人的幸福我们又该如何选择呢？

第八章　教育如何促进人的幸福

第一节　关于教育与幸福的思考

一、教育与幸福的历史回溯

　　幸福是一个复杂的概念，人们对幸福的不同理解在一定程度上影响着人们对教育的选择。在古希腊，柏拉图将世界分为现象世界和理念世界，现象世界的一切如同阳光投射到洞穴中的影子一样，是不真实的；只有理念的世界才是真实的，是最高的善。教育的功能就是要唤醒人的灵魂对理念世界的知识记忆，走向"善"的世界。由于不同的人拥有不同的能力和潜力，所以只有哲学王才能够最终走向理念的世界，认识真理。亚里士多德对柏拉图这种将理念视为独立存在事物的观点进行了批评。在他看来，"善作为人类生活的目的，不是独立于人存在的。善是幸福或福祉，它就存在于人类生活中。而理性活动尤其能带来幸福。"[187]92 所以，古希腊自由/文雅教育的核心就是理性教育。

　　当希腊社会由城邦发展到帝国阶段时，柏拉图和亚里士多德心目中"鸡犬相闻"的自主城邦已不复存在，取而代之的是希腊化帝国。随着中央集权的加剧，人民在政治上越来越无能为力。于是，幸福的关注点便由

"关心共同体中的人转向关心孤立的、私人的个体"[187]106：一个人怎样才能确保他/她自己的幸福？伊壁鸠鲁认为快乐是幸福生活的开端和目的，因为快乐是首要的以及天生的好。但是，尽管所有的快乐从本性上讲都是人的内在的好，却并不都值得选择。只有身体的无痛苦和灵魂的无烦恼才是真正的快乐，它与德性一道生长，两者不可分离。[188]斯多亚学派通常比伊壁鸠鲁学派更怀疑我们是否有能力控制外在的善，因此要确保幸福，人必须学会生活于我们所能够控制的内在自我之中，有德性地生活是一个人唯一的善，而德性就是依照理性、依照逻各斯而生活。[187]109-110 把知识、理智视为德性一向是希腊文化的一个重要特征，但在苏格拉底、柏拉图和亚里士多德的德性生活里，知识和理智是批判的、统治的，在伊壁鸠鲁和斯多亚学派这里却是顺应的、服从的。这种对道德教育的强调显然与帝国统治对驯良臣民的需求是不谋而合的，同时也为基督教统治中世纪做了有力的铺垫。

西欧中世纪的教育几乎完全为教会垄断。人在现世的生活是为了得到来世的救赎，幸福在美好的彼岸，对上帝的信仰远比对知识的追求更重要，直到文艺复兴才重新发现现世的幸福。16世纪宗教改革发展了基督教的原罪说，认为人天性善良，而人的这种天赋只有通过教育才能使它得以充分地发展。"教育要教会人们有益地利用现世的人生，使个人的现世生活幸福、美满，使社会减少黑暗、烦恼、倾轧，增加光明、整饬、和平与宁静"。[149]简介7 而人的自然本性在卢梭那里则更是被举到了空前的高度。那么，如何实现现世的幸福呢？斯宾塞提出"什么知识最有价值"的问题，而他那个时代的回答就是科学。"我们保全自己或是维护生命和健康，最重要的知识是科学；对作为间接保全自己的谋生价值最大的知识是科学；为正当地履行父母的职责所需要的正确指导是科学；为解释过去和现在的国家生活，使每个公民能合理地调节他的行为所必需的、不可缺少的钥匙是科学。同样，为了各种艺术的完美创作和最高欣赏所需要的准备也是科学；而为了达到智慧、道德、宗教训练的目的，最有效的学习还是科学。"[152]91 人们对人的完美和科学的进步深信不疑，然而第二次世界大战却彻底地打碎了那些空洞的美好愿望和令人陶醉的乐观主义。[189]人们开始反思人性，反思科学与进步。

20世纪社会发展的历程是有目共睹的。在新古典经济学和福利经济

学理论的影响下，经济发展成为各国政府的首要关注点。然而物质生活的
改善似乎并没有带来人们所期望的现世幸福。吸毒、色情、自杀、犯罪，
发达国家士气的持续低迷促成了 70 年代的幸福研究。西方社会经过漫长
的历程终于又回到了起点："教育如何才能够促进幸福？"

在中国，传统儒家思想的现世幸福与性善论一直是社会文化的主流，
教育在历朝历代都被视为立国之本，而宗法血缘的建制又较圆滑地处理了
个体与家族及社会的关系，因此在其漫长的发展历程中较少出现像西方社
会那样的现世与彼世幸福、个人与社会幸福的激烈论争。① 同时，因其从
未将知识视为德性生活的基础，所以也不可能将科学视为最有价值的知
识。只是到了五四新文化运动时，才提出了个性解放和科学教育。应该
说，中国社会的发展与西方走的是两条完全不同的道路，一条稳定甚至有
点停滞，另一条动荡且不断地发生着新旧的交替，然而今天两条道路最终
交汇了起来。改革开放以来经济的快速增长，社会转型的急剧变化，在发
达国家出现的伊斯特林悖论②，也开始在中国出现，如何确保社会的和谐
发展使我们也不得不回到"教育与幸福"的问题上来。

二、学校教育在幸福问题上的局限性

西方资本主义国家的现代教育始于 19 世纪早期，随着各国国民教育
体系的形成，"教育以不可逆转之势，被认为是正规的、系统的学校教育
的同义词"。[190]然而，正如斯宾塞所注意到的，"幸福是一个比较特殊的
概念，作为一个可行的教育目的，就很成问题"。[152]前言44 因此，讨论
"教育与幸福"首先要理清学校教育与幸福之间的关系：（1）学校教育与
幸福是否存在关系；（2）如果二者确有关系存在，那么是所属关系，还
是依存关系。第一个问题考察的是学校教育与幸福存在关系的可能性，对
于第一个问题的回答决定着对其他问题的回答。如果学校教育与幸福没有
发生关系的可能性，那么谈论二者之间关系就犹如空中楼阁一般。反过

---

① 战国诸子百家、魏晋玄学之风、宋明理学自由讲学之风也有相关的论争，但并未因此改变传
统文化的主流发展方向，而真正撼动传统文化的大概还属五四新文化运动。
② 参见第一章第一节中"从'以经济建设为中心'到'构建社会主义和谐社会'"的相关内
容。

来，如果学校教育与幸福确实可能发生关系，那么这个关系是所属性质，依存性质，还是二者兼备呢？当这些问题都得到了确切的回答以后，我们才能够具体地去考察二者之间的复杂关系。

第一个问题可以从学校教育与幸福可能发生关系的媒介入手。这个媒介不是别的，就是"人"。人与动物存在的一个本质区别，就是动物的活动以生存为目标，而人类的活动则不仅仅是为了生存，还为了幸福。亚里士多德认为一切技术、一切规划以及一切实践和选择，都以某种善为目标。因为人们都有一个美好的想法，即宇宙万物都是向善的。由于实践是多种多样的，技术和科学是多种多样的，所以目的也有多种多样。而行为所能达到的一切善的顶点就是幸福。[191]因此，幸福就是人生的终极目的。而学校教育作为人类社会实践的一种，自然也是指向幸福的，或者说是从属于幸福范畴的。

以上论述表明，学校教育和幸福确实有存在关系的可能性，而且这种关系表现为一种所属的关系。那么二者是否具有依存关系呢？首先，"幸福的实现是否离不开学校教育"，答案当然是否定的。因为，学校教育不是人类达到幸福的唯一途径。一切技术、一切规划以及一切实践和选择，都以幸福为目标。实现幸福的途径是多种多样的，政治、经济、教育、艺术等各种人类活动都可能促进幸福。而且在一些传统文化中，某些幸福观念原本就与学校教育无关。比如说，古人认为多子多福，多子作为人类自然的繁衍，当然不需要通过学校教育来实现。现代心理学对主观幸福感的研究也发现，受教育程度对个体主观幸福的影响很小。所以，在谈论学校教育与幸福的关系时，不能夸大学校教育对幸福的影响，因为离开了学校教育，人同样可以是幸福的。

那么，当学校教育离开了幸福，亦即当教育的过程或结果导致了不幸的时候，学校教育本身是否就失去了意义呢？这显然在逻辑上是无法成立的。索绪尔（Saussure）认为，要真正确定一个词的内容，我们要借助在它之外的东西，跟其他可能与它对立的词相比较。[179]当我们谈论一个概念、观念或观点时，我们是通过将它们和与它们相对立的东西进行对比来理解它们的。[192]33如果人的所有活动都能够给人们带来幸福，那么幸福也就失去了意义；只有在与不幸相对比时，幸福才有了意义。因此，不能说因为某一事物带来了不幸，所以它本身就是没有意义的。相反，正是它的存在才使得幸福这个词本身产生了意义。在柏拉图的《理想国》中，教育的一项重要职责就是，迫使最好的灵魂达到最高的知识，看见善，并上升到理念世界的高度；当他们已达到这个高度并且看够了时，却不让他们逗留在上面，而是强迫他们再下到囚徒（被可见世界的幻想所迷惑的人们）中去，和囚徒们同劳苦、共荣誉。[76]279 这样的过程对于受教育的人来说无疑是不幸福的（尽管柏拉图认为这种人将享有来世无上的幸福，但至少在现世中这的确是一种不幸），但我们却不能说这种教育本身是没有意义的。换言之，离开了幸福，学校教育依然是有意义的。

　　综上所述，幸福离开了学校教育依然可以实现，而学校教育离开了幸福依然具有意义。学校教育和幸福只存在所属关系，而不存在相互依存的关系。学校教育作为人类社会实践的一种，自然是指向幸福的，但是在不能够确定这个作为终极目的的幸福是什么的前提下，遵循这样一个命题走下去，难免就会陷入到一个逻辑陷阱当中。因为我们不能确保学校教育的实践是否指向了真实的幸福。任何认识本身都包含着产生错误和幻觉的危险。[120]11 人们对学校教育所寄予的美好想法，是否会因为存在着错误和幻觉，而最终指向了虚假的幸福？

　　不幸的是，在人类的教育史上，这种事情确是时有发生的。从古希腊的爱智主义、中世纪的救赎、19 世纪的科学乐观主义到当代的一切为经济服务，每一个时代的学校教育都反映着人们对幸福的某种认识，而这种认识一旦在学校教育中得到承认便顽固地具有了排他性。然而，被学校教育所认同了的幸福之路却未必是人人所需要的幸福。更为糟糕的是，随着欧洲宗教改革人们对大众教育的需求不断加深，学校教育由家庭教育的有益补充，逐渐演变为教育活动的中心，并且越来越职业化、专业化和科层化。到了现代，从幼儿园到大学，它已俨然取代了家庭和社会的教育，使它们成为自己的附庸。但是，在幸福的问题上，学校教育其实并不比人类的其他教育活动更专业。作为一个庞大的体系，学校教育在促进人的幸福问题上是具有自身局限性的。

　　因此就幸福而言，我们显然需要一个更为广义的教育——将"教育"的概念界定为"有意识的以人的身心发展为直接目标的社会活动"，[35]8 而不只是局限于学校教育。当然，仅仅理清"教育"的范畴还不够，在没有确定幸福是什么的情况下，谈论教育与幸福的关系仍然只是舍本逐末。那么，就让我们回到最根本的问题上来——幸福是什么。

三、幸福是什么

（一）幸福的承担者只能是个体

幸福的概念包含有三个层面：微观的个体幸福、中观的社会幸福和宏观的人类幸福，统称为广义的幸福。由于幸福就其本质而言是一种主观体验，因此幸福的承担者只能是个体。个体可以因为群体或社会的缘故而获得并感受幸福，群体或社会却不能替代个体进行"感受"并获得"幸福"。[193] 采用"社会幸福"与"人类幸福"的说法，并不意味着否认幸福的个体主观性，而是强调个体幸福对环境的依赖。诚然，只要一个人愿意，他/她完全可以脱离社会，躲进深山老林里过着隐士的生活。但人是社会性的动物，而且由于现代社会精密的劳动分工与无处不在的信息发展，一个人想真正脱离社会也是很难办到的。所以，当我们讨论微观层面人的幸福时，不能不考虑中观层面的社会以及宏观层面作为一个类属的人。试想当整个社会处于动荡不安之中时，世外桃源又会在哪里呢？当整个人类面临着生存危机时，个人又怎能独自幸福地生活在诺亚方舟里？所以，个人幸福必须建构在人类与社会幸福的基础之上，失去这个基础，个人也无法获得幸福。

那么，教育应该以哪一层面的幸福作为自身的终极目的呢？如果以个体幸福为终极目的，又该以哪个个体或者以哪个阶层的个体幸福为终极目的呢？个体的幸福如此复杂与多样化，以个体幸福作为教育的终极目的难免会倒向相对主义；但如果以社会幸福为终极目的则又有可能倒向排他主义，正如第二次世界大战时期德国的纳粹主义和日本的军国主义一样，最终都将使教育导向虚假的幸福。所以，教育的终极目的只能也必须指向宏观层面的人类幸福，否则"教育是指向人的幸福的"这个命题本身就是谬误的。然而，正如前面所谈到的，幸福的承担者是个体，因此谈论教育与幸福的关系，显然不能停止在为教育找一个终极目的的努力上，我们最终还是希望教育能够给个体带来幸福。但这样又会使我们的讨论回到最初的两难之中：如何面对个体幸福的多样性？

"每一个教育计划归根结底是一种实践哲学，必然接触到生活的方方面面。所以，任何教育的目的，如果具体到足以提供确定的指导，都与某种生活理想有关。"[116]8 人们在现实生活中纷繁的理想难免会导致教育实践的冲突，比如以某种幸福理念压制其他的幸福选择。既然如此，为什么一定要在做教育之前选定一种幸福吗？难道不可以给年轻人以机会去了解不同的幸福，让他们自己从中选择并发现自己的幸福吗？让年轻人学会选择，而不是替他们作出选择，这也许才是教育的职责所在。

(二) 幸福是过程与实在的统一

杰罗姆·布鲁纳（Jerome Bruner）认为人类有两个基本的、普遍的认知模式：一个是逻辑—科学模式，另一个则是叙事模式。叙事向我们提供了了解世界和向别人讲述我们对世界的了解的方式。叙事不同于我们的日常生活，它是闭合的：有开头和结尾、集中的、充满着波澜起伏的。[192]161-162 日常生活则相对来说平凡得多，对于大多数人生活就是重演。有些重演每天都在重复，有些只在工作日才重复，有些则只是周期性的重复。[192]170-171 明确叙事和日常生活的不同，这一点很重要，因为就幸福而言，人们常常会忘记日常生活本身，而把目光聚集在日常生活中的叙事上。人们倾向于关注那些属于自己或他人的形形色色的幸福故事，那些经过记忆重建了的真实的故事、虚假的故事、抑或是想象的故事。对于业已发生的故事，我们渴望时光倒流；对于正在发生的故事，我们希望时间凝固；对于尚未发生的故事，我们祈盼时光飞逝。就在这些渴望与祈盼之间，平凡却又构成我们生命主旋律的日常生活却在悄悄地流逝。

赫拉克利特曾说："人不能两次走进同一条河流"，因为经验世界原本就是一个流变的世界。流动的事物通常都是不完善的，且具有一定的局限性。人的理智倾向于无视流动着的日常生活，而把目光聚集在更加集中、往往也是相对闭合与静止的叙事上，因为这显然是把握流变的一个捷径。但是，在一个整体的经验中，流动和静止原本是结合在一起的，静止也不是永恒。按照怀特海的语言，静止是"合生"，是特殊存在物的组织中固有的流变；而流动是"过渡"，是一个特殊存在物到另一个特殊存在物的流变。"合生"是众多事物形成的一个单独的统一体，一个合生的事例便是一个"现实实有"（实在），它是新的合生的资料；而"过渡"则是实在继承过去，走向未来的一个创造性过程。[102]由此看来，经验世界其实是一个从"实在"到"过程"再到"新的实在"和"新的过程"的连续的、螺旋式上升的流变。幸福是过程与实在的统一，追求幸福的过程本身也蕴涵着幸福，尽管这个幸福可能会夹杂着痛苦与欢乐，是一种不完善的过渡。

（三）幸福是具有时间和文化场域性的"乐在其中"

幸福具有时间和文化场域性。不同文化对幸福有着不同的理解，个体幸福不能离开自身的文化而独立存在。同时，作为个体，我们每一个人都来自过去，存在于现在，并对未来进行各种展望和预想，这些内容都可能会对思维、情感和行为产生弥漫性的影响，从而构成了每一个人独特的心理背景，[57]并由此决定着个人的幸福。因此，企图用某一个时间场的幸福来概括所有的幸福是不明智的。这意味着：（1）不能用成年人的幸福来理解孩童和青少年，正像人们在教育中时常所犯的错误一样；（2）人不能总是生活在对"旧日美好时光"的回忆或是对"未来幸福生活"的憧憬中，而忘却实实在在的现实生活。未来仅仅是实在的，却不是现实的；过去则是一个由众多现实参与的记忆的重建。[194]万物皆流，幸福是无法复制的。

最后，幸福必须是"乐在其中"的。快乐是幸福，"至乐无乐"也是幸福；自我完善是幸福，清静无为也是幸福。被强迫着痛苦地追求他人所谓的幸福未尝不是一种不幸，而在追求幸福的过程中痛并快乐着的感觉也未尝不是一种幸福。"人之甘泉，我之毒药"，你的快乐不是我的快乐，我的幸福也不是你的幸福。幸福在于人的选择。但是，由于恪守基本的道德是人之为人的根本，所以那些超越了道德底线的"乐在其中"是不属于幸福的范畴。在一些传统文化中，常常将德性生活视为幸福生活，这其实是混淆了道德与幸福的关系。作为社会中的人，恪守社会道德是维系与他人良性关系的基础。幸福的人必须是一个有道德的人，但是有道德的人却并不等同于幸福的人。幸福是在道德基础上的"乐在其中"。而且，这种"乐在其中"是相对稳定并持久的，一时的快乐不能称其为幸福。因此，我们可以说个体幸福是"个体在一定时间和文化场域内相对稳定持久且'乐在其中'的过程与实在的统一"。

第二节　教育如何能够促进幸福

一、总的原则

考察教育与幸福的关系，就是希望教育能够在其可能的范围内促进幸福，而不是走向相反的一面。确定教育的终极目的为整个人类的幸福，而不是狭隘的社会幸福与个人幸福，并不意味着要抛开社会幸福与个人幸福。相反，人类的幸福是建立在对社会幸福与个人幸福的尊重和理解之上的。法国社会学家埃德加·莫兰在 20 世纪末曾指出，未来教育的基本使命之一是审视和研究人类的复杂性。它引导人们认识到进而意识到所有人类的共同的地位，个人的、民族的、文化的十分丰富和必要的多样性，以及我们作为"地球的公民"的根基。教育一方面要以培养"地球公民"为己任，另一方面还要确保教育过程中个体幸福的实现。[120]46

个体幸福是过程与实在的统一，而从过程到实在一般需要经历三个阶段：（1）概念性感受阶段；（2）情绪性感受阶段；（3）命题感受阶段。[102]第一阶段是纯粹的接收，第二阶段是自身特殊性的注入，两个阶段合称创造性的过程，即过渡，并共同指向最后一个阶段——满足了的实在。与此相应，幸福的实现也可分为三个阶段：（1）幸福观念的输入；（2）个体幸福观念的形成与实践；（3）幸福实现的体验。第一阶段是关于"什么是幸福"以及"如何实现幸福"的概念性感受阶段。它来自于个体所处的社会文化环境及其所接受的教育。第二阶段是在经验的基础上，个体形成自身独特的幸福观念并付之于行动的过程。第三阶段以前两个阶段为基础，并伴随着幸福体验（幸福感）的产生。由于人的生命是多层次、多方面的整合体，所以个体对幸福的体验也不可能是单一的，而是由多项幸福体验综合在一起形成的统一体，便构成了怀特海所谓的"合生"，亦即现代心理学研究中所谓的主观幸福感。

教育要促进个体幸福，必须把握前两个阶段，亦即幸福实现的过程，为个体幸福观念的形成与幸福实现创造适宜的环境。首先，在不脱离自身文化场域的前提下，肯定幸福以及幸福实现途径的多样化①，避免将某一种或几种幸福观念灌输于（或强加于）个体。其次，尊重个体的选择并引导个体实现幸福。承认幸福的多样性并不难，但要做到尊重个体的选择，这对于具有深远家长制文化传统的国人来说的确不是一件容易的事情，因为这意味着对幸福的追求与实现没有所谓的权威，通往幸福的道路没有所谓的唯一正确的选择，当然，仅仅是尊重个体的选择还不够，尊重只是一种消极的接受，个体幸福的实现离不开教育的引导，尤其是在青少年阶段。

综上所述，教育要促进人的幸福，首先要以培养理解和尊重的"地球公民"为自身的终极目的，并在此基础之上，承认社会幸福和个体幸福的多样性以及文化场域性，秉承多元的教育理念与评价形式，关注日常实践。但是，怎样将这一原则操作化为具体的教育实践提供明确的指导呢？传统上，人们总是先证明某种幸福是值得追求的，然后再梳理该幸福的实现途径，并据此指导具体的教育。比如在当前的经济社会中，人们普遍追求物质幸福，找一份好工作被认为是通往幸福的最佳途径，而获得这样一份好工作的敲门砖是文凭，于是教育的目的便被赋予了经济的概念，其实现的途径就是应试。然而，这种以某种幸福优于其他幸福为由而进行相应教育的做法，在多元化的社会中是不足取的，其培养出来的人是极其狭隘的，既不利于个体幸福也无益于社会幸福。幸福的承担者是个体，所以教育对幸福的促进只有通过每个个体（教育对象）的真实幸福得以实现。但人在世间可追求的幸福如此之多，其实现的途径又犹如繁星，如何在教育中给予实现呢？对于这个问题的回答，首先需要考察哪些基本的要素对于任何幸福都有所裨益，并能够通过教育予以实现。

二、通往幸福的基本要素

（一）良好的身体素质

洛克曾经说过："对于人世幸福状态的一种简洁而充分的描绘是：健康的精神寓于健康的身体。"[129]7 人们可能会对追求什么样的幸福看法不

---

① 幸福观念的多样化必须建立在基本道德规范的基础之上，参见本章第一节"幸福是过程与实在的统一"。

同，但健康的身体却是每个人的欲求。古代西周时期"六艺"中的"礼、乐、射、御"，古希腊柏拉图《理想国》里的体操与音乐训练，无不强调人的身心和谐发展。然而随着历史的发展，人们似乎开始忘却了身体，"通常大家为儿童殚精竭虑的即使不全是学问，也主要是学问，人们谈到教育时，所想到的几乎也只有学问一件事。"[129]141然而，学问能够补偿因身体发育不良或体质不健全而缺乏的活力与激情吗？诚然，精神食粮常常是那些疾病缠身的人抵抗病魔的力量源泉，但是用一个健康儿童的身体去换取所谓的"学问"，把他塑造成一个弱不禁风的文弱书生，是得不偿失的。

现代社会快节奏的生活方式与激烈的竞争，使很多家长在孩子的培养上往往将学习视为头等重要的事，带着孩子从一个补课班奔波到另一个，剥夺了孩子玩耍时间的同时，也剥夺了孩子的身体健康。学校教育也是如此，一进入初中，学生的体育活动就开始锐减，初三和高三学生更是起早贪黑，每天在校学习时间长达十二个至十三个小时之多，严重地缺乏体育锻炼，超负荷地使用大脑。长此以往会不可避免地引起身体扰动，导致学生的体质下降。"食欲不振、消化不良、循环虚弱，又怎能使一个在发育中的身体欣欣向荣？"[152]190遗憾的是，人们总是习惯于关心疾病而不关注健康，亚健康正在成为我们生命的隐形杀手。对于我们的工作以及人生幸福而言，健康是何等的重要！"一个人要想出类拔萃、功成名就，就必须有一个健康的体魄，使他/她能够忍受艰辛与疲乏；一个人要想成为一个有益于社会和他人的人，就不仅要智慧聪颖、心灵高尚，而且还要有健康的身体，因为身体的苦痛会猛烈袭击人的神智，使他们已获得的知识即便不是丧失殆尽，也是英雄无用武之地。"[128]20

既然精力充沛及其带来的饱满情绪，比其他任何事情在幸福中的地位都重要，那么教人保持良好健康和饱满情绪就是重中之重。因为健康的生活必须在有了充分的认识以后才能够得以充分地实行[152]64-65，这一点在青少年的教育中尤为关键。只要我们从小养成健康的习惯，对于许多看似不可能的事情，人的本性也是完全可以适应的。[129]9健康意识首先来自于健康的选择，这包括健康的饮食与健康的起居习惯。事实上，我们指责农药、转基因和添加剂给人们带来食品信任危机的同时，也应该好好地审视一下自己的选择。市场是由消费者的需求所决定的，当人们一味地想要满足自己的感官欲望时，自然就会有人千方百计加以迎合，最终危害到的却只能是我们自身。所以，健康的选择对每一个人来说，都是至关重要的。

当然，光有健康的选择还不够，还要有运动的参与。记得黑柳彻子的《窗边的小豆豆》[195]，最令人难忘的就是巴学园的运动会，除了拔河和两人三脚比赛和别的学校一样，其余的项目全部是校长小林宗作设计的，比如"钻鲤鱼比赛"、"找妈妈比赛"，还有别具特色的接力赛。在这样的运动会上，家长、学生和老师齐上阵，每一个项目几乎都是全校学生全部参加，连个子矮小、永远也不会再长高的高桥君，也从自身肉体上的自卑心理中解脱出来，成为每一个项目的第一名！相比之下，我们学校的运动会似乎更多创造的是看客而不是参与者。多数学生参加学校运动会最开心的是不上课和吃零食。对竞技体育的偏好是不益于培养运动参与精神的，而健康偏偏需要的就是运动的参与。使每个孩子都参与运动是培养健康意识必不可少的环节，这种运动的参与对于孩子就是游戏（其实体育运动也可以被看做成年人的游戏）。选拔体育天赋的学生进行体育培训本来无可厚非，但如果让孩子们认为运动是那些有体育天赋的人的事，这就不可取了。竞技是少数人的事，而健康则是每个人的事。

然而，当今的学校教育不但把孩子们培养为运动会的看客，连日常娱乐的时间都剥夺了。学校的早晚自习除了累加学习时间以外，对提高学生的成绩究竟有多大作用？目前为止，似乎还没有一个令人信服的研究对此加以佐证。但是，这种做法对学生的健康却是有百害而无一利的，孩子们从小就养成了不健康的起居习惯，吃不好睡不好，危害着青少年的成长，其中的道理一目了然，无须证明。为什么学校不能还给学生充足的睡眠和充分的休息时间呢？即便是一台机器，无休止的运转也会崩溃的，何况正在成长中的青少年。我们的家长和老师总是希望，无论何时看见孩子，他/她都正坐在桌前学习。殊不知大脑也是需要休息的，如果不给它喘息的机会，它就只能从身体的其他器官里抢夺血液和营养，连他/她正常的生活都受到了搅扰，就更不要说学习了。

（二）健康的心智

对于心智健全的人来说，学问能够辅佐他/她的德性与智慧，而对于心智不那么健全的人，学问只会徒然增加他们的愚蠢，甚至导致他们的沦落。学问固然不可少，但应居于第二位，作为辅助更重要的品质之用。[129]142美国心理学家哈维格斯特（Havighurst）认为，人为了度过幸福的人生，每一个不同的年龄阶段都有不同的人生课题需要学习和掌握，如果这些人生课题不能够得到很好地完成，就会为完成后面的人生课题带来许多困难，[100]9而在所有这些课题中最为核心的就是自我意识的发展。"教育的问题归根结底是如何理解和发展人的心灵问题，古今中外概莫能外。"[128]10人作为一个认知、评价和情感的心理系统，必须在确信自身价值和自我情感的基础上采取行动。只有当一个人能够认识、肯定自我，并能够正确评价和在情感上接受自我的时候，才能够对自身的幸福作出正确的选择。

　　实现自我认识的决定因素是内省。内省以个体生活体验为反思对象，通过判断各种体验对自身的重要性，大脑自我认识区域逐步成熟起来，并形成自我以及自我与环境的统一认识。① "幸福的范畴是无限的，它随着思想境界的开阔而扩展，随着内心情感的升华而升华"。[177]415因此，好的教育必须能够遵循人的自然成长，为个体提供不同广度、深度与频度的生活体验，协助并引导他/她的心灵完善。对于自我意识正在不断完善的青少年来说，转型社会的快速变革及其自身生理、心理和社会性的发展需求，与同龄人的交往，与成年人的关系调整，以及生活的意义等诸多现实问题，都需要在教育中加以关注与引导。但是，这种关注与引导不能只停留在说教层面，我们必须培养学生以积极达观的态度来对待生活。在这一点上，美国心理学家塞利格曼（Seligman）教授所提出的积极教育是值得我们学习与借鉴的。

　　积极心理学研究证明，在人类的进化过程中，人类保持或恢复积极体验的能力已经表现出生存性优势。人类在积极方面的知识越多、技能越高，其积极特性就会越趋于自动化与本能化，这种积极特性就是人进行自我完善的一种内在能力。[16]32-33培养和扩大人固有的积极力量和积极品质，将有利于青少年建立自我与环境的和谐关系，正确地认识和评价自我，成为健康并生活幸福的人。积极力量是正向的、具有建设性的力量和潜质，它不只是一种静态的人格特质，比如达观和自我效能等，还是一个

———————————

① 参见第四章第二节中"自我的迷失——被学习压力遮蔽了的成长"的相关内容。

动态的心理过程，是一种为了得到良好的结果而灵活地进行自我调节的能力。[16]31

积极教育强调通过增加学生的积极体验来培养学生的积极品质。"我们要善于发现个体的优点而不是缺点，个体的机遇而不是窘境，资产而不是债务，这一倾向应逐渐成为心理治疗、教育和儿童抚养的主要价值倾向。"[177]269增加学生的积极体验不等同于一味地表扬，它只是通过不同的生活与学习体验挖掘并发展个体的长处。比如高桥君在小林宗做校长设计的运动项目中，能够充分地发挥自己身材矮小的优势获得一个又一个的第一名，使"占胜高桥君"成为小选手们的奋斗目标，让所有孩子包括他自己都对身体缺憾有了一种别样的认识，[195]这就是一种积极的体验。

积极的体验还来自于美育。人的行动是由情感所推动的，"感情的陶冶不是源于智育，而源于美育"，因为"美具有普遍性而又超脱于利用的范围"。[196]美育不是考级与获奖，并且与健康运动一样，美育也不是少数有天分孩子的专利，它应该面向全体学生，面向每一个阶段的青少年。文学与诗歌欣赏、音乐舞蹈与绘画，美育应伴随着每一个青少年的成长，让他们在音乐的律动中达到身心和谐，在绘画与文学创作中表达自己的心情，在艺术欣赏中谋求知识与感情的调和，认识人生的价值。如果把美育理解为技巧训练和文法练习，那就无异于将"教育之树的根置于空中，而它的叶子和花在地上"[197]，文学艺术脱离了对自然和社会的观察，就会成为凋零的叶子和花。

（三）　道德的责任感

虽然幸福就其本质而言是一种主观体验，因此幸福的承担者只能是个体，但这并不意味着只追求个人幸福而不关注他人幸福在道德上是正当的。个体的微观幸福是以人类和社会的宏观幸福为基础的，因此个人幸福必须建构在道德的原则之上，恪守社会道德是维系自身与其他社会成员之间良性关系的前提。然而道德的原则虽然传颂千古，却常常如风声月影落不到实处。为此，康德认为一切道德价值的核心就是责任，责任是一切行为的实践必然性，它适用于一切有理性的东西，是对一切人类意志都有效的规律。[198]这里的责任既体现为对己的责任，又表现为对他人的责任。它是一个普遍意义上的责任，而不是人依据其特定职业所具有的特殊职责。但是我们不赞成康德认为合乎责任原则的行为不必然善良的观点，因为它贬低了价值判断。我们也不赞成为了责任而责任，因为现代科层体系中存在的最大问题就是以不是我的责任而推卸责任。

责任是一种关心。像关心自己的幸福那样，关心每个同胞的幸福；像爱护自己一样，爱护我们的邻人。[199]306 道德上的责任要求我们首先要关心自我保存，在不必要的情况下切勿拿自己的健康、躯体和生命去冒险。[199]286 但这并不意味着当他人的健康与生命受到威胁时，应当袖手旁观。这里只是强调对于自我与他人的保存来说，两者具有同等的价值。[199]307 同时，像关心我们自己一样关心他人也不等同于同情，同情可以只有情感的投入而无行动，比如在电视上看到他人的痛苦，人们会流泪、会感慨，但很少会去行动。关心是换角色思考问题：如果我是他/她会怎么样？当他人求助于我的时候，我不去帮他/她，那么我是否也希望自己求助他人的时候，他人也不帮助我呢？我为了自己的利益侵害他人的利益时，是否也希望他人为自己的利益侵害我呢？如若不想使责任变成一个空洞的幻想和虚构，我们在行动之前就必须考虑，是否愿意将自己的处事原则变为一个普遍性规律。[199]18 "己所不欲，勿施于人。"

教孩子学会关心，首先就要关心孩子。在人生的每一阶段，我们都需要被人关心，需要被人理解、接受和认同。[124]1 关心不只是对低幼儿童，那些处于"心理断乳"过程中的青少年其实更需要得到成年人的关心。但是这种"关心"不能被扭曲为强制性的约束，此时的青年学生既需要家长和老师的信任与宽容，又需要他们的心理支持。每一个坐在课堂上的学生都有他们自己的生活：爸爸妈妈闹离婚了，和朋友吵架了，不小心打坏了人家的玻璃，暗恋着某一个同学等，这些都会让他们在学习的时候心绪波动。如果此时教师不问青红皂白大动肝火，甚至通知家长让孩子回家也不得安宁，其后果可以想象。成年人是孩子的榜样，只有生活在关心的氛围中，孩子才会学会关心。只有懂得关心的人才会自觉地履行对人对己的责任。如果我们不希望现代社会的冷漠像瘟疫一样蔓延，那么就先从关心孩子开始吧。

责任还表现为一种法律意识。记得《青年文摘》上有一篇文章，讲的是好莱坞环球影城举办中国电影周，庆祝中华人民共和国成立 50 周年。首映式在好莱坞 20 世纪福克斯电影制片厂观摩放映厅举行，由于慕名而来的影迷很多，主放映厅的过道上站立了许多观众。这时，美国电影联合会主席杰克·瓦伦蒂走上舞台，对大家说，根据美国法律，电影放映时，放映厅里不得有人站着看电影。所以，请没有找到座位的观众退场。而他本人也因为来迟了，连同没有座位的观众们一起退了场。作者小声问邻座的一位好莱坞导演，瓦伦蒂先生今晚引用的是美国的哪一条法律？那位中年女士非常认真地回答说，他引用的是美国的《消防法》。该法规定，电影开映时，放映厅通道里不得有人站着看，以免在发生火灾或不测事件时堵塞通道。如果放映厅允许观众在通道里站着看电影，由此引起严重后果的，则根据情节追究有关人员的刑事责任。[200]

　　法律是以权利义务为主要内容的社会规范，它具有调节社会关系和规范行为活动的作用。法的存在意味着在一定条件下，人们有谋求自身正当利益的权利。为了自己和他人的幸福，我们必须时刻保持清醒的法律意识。法律意识不仅仅在于简单地知道不能犯罪，比如杀人、抢劫、强奸、偷窃等，还在于具有一种于己于人的责任感。十字路口没有警察、没有摄像头就闯红灯，有没有考虑自己及他人的生命安全？利用质检部门的漏洞，往食品里添加有害物质，有没有考虑他人的饮食健康？为了眼前的利益封堵消防通道，有没有考虑到水火无情？法律意识的淡薄就是责任感的缺失，法治社会的确立离不开群众性的法律宣传教育。而这种宣传不能只是以通过考试作为衡量标准，在学校人人都背过民法、刑法和宪法，走入社会还是半个法盲。法律宣传教育要时时刻刻进行，法制教育的目的不在于一字不漏地背诵，而在于一种责任感的培养，在于让人们（不论成年人还是孩子）知道什么情况不能做什么，否则会危害到自己和他人。

三、学校教育能够做些什么

　　既然人的幸福离不开广义的教育，为什么又要把焦点集中到学校教育呢？在古往今来的实践中，学校教育无不秉承着某种幸福的理念，这种理念往往都隐藏在某种教育目的之中（理性智慧、宗教信仰、人文主义抑或是人力资本），反映着一定社会群体的幸福意识和时代的最强音。一旦这种幸福理念在学校这个庞大的体系中得到了认可，它便会渗透到学校体系的每一个机体当中，不断地强化自我、排斥他者。古代学校因为还不够普及、影响力较小，现代学校教育则不同，作为国家机器的一个重要组成部分，学校教育几乎占据了所有的话语权。所以，谈论广义教育首先就要完成学校教育的"去中心化"。

　　学校作为当今一切教育活动的中心已是一个不言而喻的事实。学生一天在校时间少则 8 个小时，多则十二三个小时。现代社会快节奏的生活方式、职场上的激烈竞争使很多家长无暇顾及孩子的教育，宁愿将一切交给学校。作为一个专门化的教育机构，学校在知识方面的系统性与专业性是其他教育所无法比及的，加之国家在经济、政策上对学校的投入，民众对学校教育的殷切希望，学校俨然成为了社会与家庭教育的全权代理。遗憾的是，学校却常常让人们感到失望，改革学校教育几乎成为了每个时代的关注点，仿佛只要学校改革，所有的教育问题就迎刃而解了。然而，课程与考试的改革不是我们要找的答案，学校教育能力有限，赋予学校过多的期望，只能使它承受难以负担之重。社会和家庭必须承担起自身的责任，为孩子创造一个连续而有效的教育环境。在人类的幸福问题上，学校教育其实并不比其他的教育活动更专业。学校教育只有在与社会、家庭形成平等参与和协调制衡的良性机制中才能够发挥其应有的作用，而这一良性机制形成的前提就是要去除学校教育的唯智主义。

　　虽然《中华人民共和国教育法》明确规定我国教育的目标是培养德、智、体等全面发展的社会主义事业的建设者和接班人，但在当前的教育实践中，随着年级的升高，唯智主义倾向越来越严重，而且这种倾向近年来也开始出现低龄化，在有些地区甚至已经浸染到幼儿教育。唯智主义的一个严重后果就是唯目的主义。长期以来，学校教育一直秉承着目标教学的理念①。课程被简化为"行为目标"。每一个教师来到课堂上，他/她所要做的就是完成本次课的教学目标，而阶段性的教学目标则如同指路牌一般一起指向最终的目标——通过考试。目标的达成被误解为能力的获得，而在这个过程中，结果被看做是唯一重要的。然而，忽视过程的结果本身是缺乏意义的，目标的达成并不意味着能力的获得。每一个成功的人都会把他们的成功归结于成功背后的不懈努力，但人们偏偏只对他们成功的结果望而兴叹。追求目标固然是生活意义所在，但这个意义本身却更多地体现在"追求"而不是"目标"上。当然，去除学校教育中的唯目的主义并

――――――――――――

① 学校教育当然还有其他的教学理念，但在实践中目标教学仍然是当前教育的核心。

不意味着走向另一个极端。我们并不赞成教育无目的论，只是强调教育的目标不能遮蔽教育的过程。幸福是过程与实在的统一，教育作为一个复杂的工程，人的成长是其价值的核心。成长不是简单的目标达成，而是一个永不停息的过程；成长也不只是知识的增长，它是人作为一个完整有机体的不断完善。只有当学校教育转而关注人的成长时，其作为知识传授专门机构的神坛地位才能够获得真正的祛魅。

唯智主义的另一个严重后果就是知识的工具主义。什么知识是能够通过考试来评价的，什么就是有用的。巴格莱在其著名的《教育与新人》中曾指出："知识具有高于和超越我们所设计的'工具'的价值。知识可以作为背景，同时也可以作为工具，它的价值可以是解释的，也可以是功利的[201]62。"背景知识可以为人提供理解世界的不同视角，比如通过文学艺术了解不同人眼中的世界。背景知识可以使人及时发现问题并以独到的方式诠释和解决问题。2005 年在普吉岛挽救了近百人生命的英国女孩，正是运用了在地理课堂上所学的知识，及时发现了海啸的征兆。背景知识还可以帮助人们形成集体的敏感性，比如法律常识既可以增强人们的守法意识，还可以使人们有效地利用法律保护自己，抵制违法现象，维护法治社会的秩序。[201]60-61 所以，学校要培养学生具备通向幸福的基本素质，就必须强化背景知识的学习，如健康知识教育、医疗卫生知识教育、法律知识教育、生存教育以及文学艺术教育等有益于人的健康意识、责任意识和心智发展的知识，而不仅限于语文、数学、英语、物理、化学等考试科目的教育。这种背景知识的教育不是学校所能够独立承担的，因为它与学生的生活体验密不可分，客观上要求学校必须加强与家庭以及社会医疗、司法等相关机构的沟通与协作。

本 章 小 结

本章回顾了不同历史时期人们对幸福的不同理解，以及这种认识对人们的教育选择的影响，并在此基础之上，探讨了学校教育在促进人的幸福问题上的有限性，指出谈论教育与幸福问题不能局限于学校教育，必须有一个大教育的概念。关于"幸福是什么"的问题，本章认为幸福就其本质而言是一种主观体验。因此，幸福的承担者只能是个体，个体可以因为群体或社会的缘故获得并感受幸福，但群体或社会不能替代个体进行"感受"并获得"幸福"。同时，由于个体生存具有对环境的依赖性，个人幸福必须建构在人类与社会幸福①的基础之上，失去这个基础，个人也无法获得幸福。幸福不等同于快乐，幸福是人的一种选择，而这种选择是多元的具有生命阶段性的。因此，企图用某一生命阶段或群体的幸福来概括和解释所有幸福是不明智的。幸福也不等同于德性生活，因为恪守社会道德是个体维系自身与其他社会成员之间良性关系的基础，一个幸福的人必须具有基本的社会道德，但一个有道德的人却并不一定就是幸福的。最后，幸福是过程与实在的统一，追求幸福的过程本身也蕴涵着幸福，尽管这种幸福可能会夹杂着痛苦与欢乐，是一种不完善的过渡。

在厘清了"教育"和"幸福"这两个概念的前提下，本章又深入地探讨了教育与幸福之间的辩证关系，认为教育欲促进幸福，必须将其终极目的指向人类幸福，在培养富于理解和彼此尊重的"地球公民"的基础之上，承认社会幸福和个体幸福的多样性及其文化场域性，秉承多元的教育理念与评价形式，关注日常实践。作为具体的教育实践则应主要培养通向幸福的三个基本素质，即良好的身体素质、健康的心智和道德责任感。由于学校教育中幸福的普遍失落是引起人们关注教育与幸福问题的促因，本章的结尾部分特别谈到学校教育，认为要实现家庭、社会、学校在幸福事业上的平等参与和协调制衡，首先要实现学校的去中心化和去唯智主义。因为，如果不打破学校作为知识传授专门机构的神坛地位，家庭和社会只能作为学校的附庸而存在。学校教育中所秉承的唯智主义强化了教育教学的唯目的主义和知识的工具主义，忽视了教育的过程及背景知识的培养，对人的成长以及培养青年一代具备通往幸福的基本素质都将产生极其不利的影响。现代学校在人类其他教育活动中的话语霸权及其出于对特定社会群体和时代发展的幸福理念的认同，必将导致对幸福多样性的排斥，从而不利于人获取幸福。

---

① 在这里人类幸福和社会幸福只是一个抽象的概念，并不代表社会和人类作为一个类属能够代表个体感受幸福，只是为了强调个体幸福不能脱离社会与人类而独自存在。见本章第一节中"幸福的承担者只能是个体"的相关内容。

参 考 文 献

[1] 田国强，杨立岩. 对"幸福—收入之谜"的一个解答 [J]. 经济研究，2006 (11)：4 – 15.

[2] 陈新英. GDP 增长与幸福指数 [J]. 科学管理研究，2006, 24 (4)：42 – 45.

[3] 宋林飞. 中国社会转型的趋势、代价及其度量 [M] //周晓虹. 中国社会与中国研究. 北京：社会科学文献出版社，2004：5.

[4] 戴廉. "幸福指数"量化和谐社会 [J]. 瞭望，2006 (11)：24 – 26.

[5] 周长城，任娜. 经济发展与主观生活质量——以北京、上海、广州为例 [J]. 武汉大学学报：哲学社会科学版，2006, 59 (2)：259 – 264.

[6] 周金燕. 2005 年中国教育满意度调查 [R] //杨东平. 2005 年：中国教育发展报告（教育蓝皮书）. 北京：社会科学文献出版社，2006：433 – 488.

[7] 21 世纪教育发展研究院，搜狐网教育频道. 2006 年度中国教育满意度调查报告 [R] //杨东平. 2006 年：中国教育的转型与发展（教育蓝皮书）. 北京：社会科学文献出版社，2007：303 – 312.

[8] 中国科学院心理研究所. 五城市中学阶段青少年发展状况报告 [R] //杨东平. 2006 年：中国教育的转型与发展（教育蓝皮书）. 北京：社会科学文献出版社，2007：376.

[9] 中国睡眠研究会，等. 中国中小学生睡眠状况调查 [R] //杨东平. 2006 年：中国教育的转型与发展（教育蓝皮书）. 北京：社会科学文献出版社，2007：371.

[10] 何永振. 大学生自杀现象透视 [R] //杨东平. 2005 年：中国教育发展报告（教育蓝皮书）. 北京：社会科学文献出版社，2006：239.

[11] 中国人民大学公共管理学院组织与人力资源研究所，新浪网. 中国教师职业压力和心理健康调查 [R] //杨东平. 2005 年：中国教育发展报告（教育蓝皮书）. 北京：社会科学文献出版社，2006：375, 379.

[12] 叶澜. 中国基础教育改革发展研究 [M]. 北京：中国人民大学出版社，

2009: 7.

[13] 中华人民共和国教育部. 邓小平教育理论学习纲要 [M]. 北京: 北京师范大学出版社, 1998: 45.

[14] 陈桂生. 关于"教育目的"问题的再认识 [J]. 河北师范大学学报: 教育科学版, 2005, 7 (2): 5 - 8.

[15] 卢梭. 爱弥儿——论教育 (上卷) [M]. 李平沤, 译. 北京: 人民教育出版社, 1985: 214.

[16] 任俊. 积极心理学 [M]. 上海: 上海教育出版社, 2006.

[17] Ed Diener, Eunkook M. Suh, Richard E. Lucas, and Heidi L. Smith. Subjective Well-Being: Three Decades of Progress [J]. Psychology Bulletin, 1999, 125 (2): 276 - 302.

[18] Diener, ED. The relationship between income and subjective well-being: Relative or absolute? [J]. Social Indicators Research, 1993 (28): 195 - 223.

[19] Robert A. Witter. Morris A. Okun, William A. Stock, Marilyn. Haring Education and Subjective Well-Being: A Meta-Analysis [J]. Educational Evaluation and Policy Analysis, 1984, 6 (2): 165 - 173.

[20] Clark, A. E, & Oswald, A. Unhappiness and unemployment [J]. Economic Journal, 1994, 104: 648 - 659.

[21] 杨雄, 施小琳, 程福财. 上海失业或待业青年生存发展状况及其政策建议 [R] //尹继佐. 2003 年上海社会报告书. 上海: 上海社会科学院出版社, 2003.

[22] 刘仁刚, 龚耀先. 老年人主观幸福感及其影响因素的研究 [J]. 中国临床心理学杂志, 2000, 8 (2): 73 - 78.

[23] Suh, E, Diener, E, Oishi, S, Triandis, H. C.. The shifting basis of life satisfaction judgments across cultures: Emotions versus norms [J]. Journal of Personality and Social Psychology, 1998, 74 (2): 482 - 493.

[24] Schimmack, U, Oishi, S, & Diener, E.. Cultural influences on the relation between pleasant emotions and unpleasant emotions: Asian dialectic philosophies or individualism-collectivism? [J]. Cognition and Emotion, 2002, 16 (6): 705 - 719.

[25] 何敏贤. 中国文化对快乐的启示 [M] //何敏贤, 李怀敏, 吴兆文. 华人文化与心理辅导理论与实践研究. 北京: 民族出版社, 2002: 16 - 23.

[26] 邢占军. 测量幸福: 主观幸福感测量研究 [M]. 北京: 人民出版社, 2005.

[27] 任志洪, 叶一舵. 国内外关于主观幸福感影响因素研究述评 [J]. 福建师范大学学报: 哲学社会科学版, 2006 (4): 152 - 158.

[28] Paul T Costa, Robert R McCrae. Adding Liebe and Arbeit: The full five factor model and

well being［J］. Personality and Social Psychology Bulletin, 1991, 17（2）: 227 – 232.

［29］ Deneve, K. M., Cooper. The happy personality: A meta analysis of 137 personality traits and subjective well being［J］. Psychological Bulletin, 1998, 124（2）: 197 – 229.

［30］ Ryff, CD, Singer, B. Interpersonal flourishing: A positive health agenda for the new millennium［J］. Journal of Personality and Social Psychology. 2000, 4（1）: 30 – 44.

［31］ 张兴贵, 何立国, 贾丽. 青少年人格、人口学变量与主观幸福感的关系模型［J］. 心理发展与教育, 2007, 23（1）: 46 – 53.

［32］ 夏俊丽. 高中学生人格与主观幸福感关系的研究［J］. 福建师范大学学报: 哲学社会科学版, 2006（4）: 159 – 162.

［33］ Diener, E, Oishi, S. The Nonobvious Social Psychology of Happiness［J］. Psychological Inquiry, 2005, 16（4）: 162 – 167.

［34］ 李维. 风险社会与主观幸福: 主观幸福的社会心理学研究［M］. 上海: 上海社会科学院出版社, 2005: 10 – 11.

［35］ 叶澜. 教育概论［M］. 北京: 人民教育出版社, 2006.

［36］ Alex C. Michalos. Education, Happiness and Wellbeing［J］. Social Indicators Research, 2008, 87（3）: 347 – 366.

［37］ Neil Thin. Schooling for Joy? Why International Development Partners Should Search for Happiness in the Processes and Outcomes of Education.［C/OL］. The Wellbeing in International Development Conference. University of Bath. June 28 – 30, 2007. http: // www. welldev. org. uk/conference2007/final-papers/2-sj/thin-well-being. pdf.

［38］ Martin E P Seligman, Acacia C Parks, and Tracy Steen. A balanced psychology and a full life［J］. Philosophical Transactions of the Royal Society B: Biological Sciences, 2004, 359（1449）: 1379 – 1381.

［39］ 诺丁斯. 幸福与教育［M］. 龙宝新, 译. 北京: 教育科学出版社, 2009.

［40］ 檀传宝. 幸福教育论［J］. 华东师范大学学报: 教育科学版, 1991（1）: 28 – 37.

［41］ 刘次林. 幸福教育论［M］. 北京: 人民教育出版社, 2003.

［42］ 吴全华. 论教育与人生幸福的关系——教育目的论视角的解析［J］. 教育研究, 2008（10）: 27 – 32.

［43］ 扈中平. 教育何以能关涉人的幸福［J］. 教育研究, 2008（11）: 30 – 37.

［44］ 孔维民. 关注个体幸福, 重建以人为本的道德教育目标［J］. 教育科学, 2006, 22（1）: 34 – 36.

［45］ 易凌云. 论关涉人生幸福的教育［J］. 教育理论与实践, 2003, 23（5）: 1 – 5.

［46］ Smith, M. K. Happiness and education—theory, practice and possibility［C/OL］. The encyclopaedia of informal education, 2005. www. infed. org/biblio/happiness and

参考文献

education. htm.

[47] 刘铁芳. 当代教育的形上关怀 [J]. 高等教育研究, 2007, 28 (4): 1 - 5.

[48] Fuhr T. The Child's Happiness [J]. Zeitschrift Fur Padagogik, 2002, 48 (4): 514 - 533.

[49] Hornung, B. R. Happiness and the pursuit of happiness: a sociocybernetic approach [J]. Kybernetes, 2006, 35 (3/4): 323 - 346.

[50] Stefaan E. Cuypers and Ishtiyaque Haji. Educating for well-being and autonomy [J]. Theory and Research in Education, 2008 (6): 71 - 93.

[51] Jerry Lopper. Geelong Grammar School's Positive Education Class_Australia Applies Positive Psychology Studies to Student Education [N/OL]. [2009 - 04 - 14] http://youthdevelopment. suite101. com/article. cfm/geelong_grammar_schoolpositive_education_class.

[52] 郝文武. 教育与幸福的合理性关系解读 [J]. 陕西师范大学学报: 哲学社会科学版, 2008, 37 (1): 5 - 9.

[53] 高峰. 关于幸福教育的思考与实践 [J]. 教育发展研究, 2007 (5B): 73 - 76.

[54] Higgins C. The teacher's happiness [J]. Zeitschrift Fur Padagogik, 2002, 48 (4): 495 - 551.

[55] 刘次林. 教师的幸福 [J]. 教育研究, 2000 (5): 21 - 25.

[56] 熊华生. 童年消逝与教育责任 [J]. 教育研究与实验, 2006 (4): 26 - 29.

[57] 吕厚超, 黄希庭. 时间洞察力的理论研究 [J]. 心理科学进展, 2005, 13 (1): 27 - 32.

[58] 汉肯. 控制论与社会——关于社会系统的分析 [M]. 黎鸣, 译. 北京: 商务印书馆, 1984: 44.

[59] 高宣扬. 鲁曼社会系统理论与现代性 [M]. 北京: 中国人民大学出版社, 2005: 15.

[60] Hornung, B. R. Principles of Sociocybernetics [C/OL] // European Systems Science Union (ESSU) 6th Congress, Paris, France, September 19 - 22, 2005. http://unizar. es/sociocybernetics/congresos/paris_simposium/papers/hornung-final. pdf.

[61] 高文. 教育中的若干建构主义范型 [J]. 全球教育展望, 2001 (10): 3 - 9.

[62] 普里戈金, 斯唐热. 从混沌到有序: 人与自然的新对话 [M]. 曾庆宏, 沈小峰, 译. 上海: 上海译文出版社, 1987: 38.

[63] 钟柏昌, 李艺. 论系统科学对科学观念的改造 [J]. 科学技术与辩证法, 2006, 23 (3): 14 - 17.

[64] 黄欣荣, 吴彤. 复杂性科学兴起的语境分析 [J]. 清华大学学报: 哲学社会科

学版，2004，19（3）：38－45.

[65] 金吾伦，郭元林．国外复杂性科学的研究进展［J］．国外社会科学，2003（6）：4－5.

[66] 彭永东．控制论思想在中国的早期传播（1929—1966年）［J］．自然科学史研究，2004，23（4）：299－318.

[67] 闵家胤．系统科学和系统哲学在我国的传播及研究［J］．哲学动态，1998（10）：2－5.

[68] 毛祖桓．教育学的系统观与教育系统工程［M］．成都：四川教育出版社，1988：112－115.

[69] 查有梁．系统科学与教育［M］．北京：人民教育出版社，1993.

[70] 潘懋元．教育的基本规律及其相互关系［J］．高等教育研究，1988（3）：1－7.

[71] 杨小微．从复杂科学视角反思教育研究方法［J］．教育研究与实验，2000（3）：64－68.

[72] 周志平．复杂科学在教育研究中的方法论意义［J］．教育理论与实践，2005，25（4）：1－5.

[73] 蔡灿新．教育本体论研究的转向与教育本体的复杂性——复杂性思维方式视野中的教育本体论研究［J］．教育理论与实践，2006，26（9）：6－9.

[74] 文雪，扈中平．复杂性视域里的教育研究［J］．教育研究，2003（11）：11－15.

[75] 叶澜．时代精神与新教育理想的构建——关于我国基础教育改革的跨世纪思考［J］．教育研究，1994（10）：3－8.

[76] 柏拉图．理想国（第八版）［M］．郭斌和，张竹明，译．北京：商务印书馆，2002.

[77] 罗国杰，宋希仁．西方伦理思想史（下）［M］．北京：中国人民大学出版社，1988.

[78] 周辅成．西方伦理学名著选辑（上）［M］．北京：商务印书馆，1987.

[79] 陈惠雄，刘国珍．快乐指数研究概述［J］．财经论丛，2005（3）：30.

[80] 约翰·穆勒．功用主义［M］．唐钺，译．北京：商务印书馆，1957：8.

[81] 亨利·西季威克．伦理学方法［M］．廖申白，译．北京：中国社会科学出版社，1993.

[82] 斯坦利·杰文斯．政治经济学理论［M］．郭大力，译．北京：商务印书馆，1984.

[83] 厉以宁，等．西方福利经济学述评［M］．北京：商务印书馆，1984.

[84] 弗雷，斯塔特勒．幸福与经济学：经济和制度对人类福祉的影响［M］．静也，

译．北京：北京大学出版社，2006：8－129.

[85] 田若飞．国内外关于幸福的跨学科研究综述 [J]．上海教育科研，2007（7）：31－34.

[86] 林洪，李玉萍．国民幸福总值（GNH）的启示与国民幸福研究 [J]．当代财经，2007（5）：14－17.

[87] 郑雪，等．幸福心理学 [M]．广州：暨南大学出版社，2004：29－42.

[88] 丁新华，王极盛．青少年主观幸福感研究述评 [J]．心理科学进展，2004，12（1）：59－66.

[89] 张兴贵，何立国，郑雪．青少年学生生活满意度的结构和量表编制 [J]．心理科学，2004，27（5）：1257－1260.

[90] 陈作松，季浏．身体锻炼对高中学生主观幸福感的影响及其心理机制 [J]．心理学报，2006，38（4）：562－570.

[91] 马颖，刘电芝．中学生学习主观幸福感及其影响因素的初步研究 [J]．心理发展与教育，2005（1）：239－241.

[92] Diener, E, Eunkook Suh, Shigehiro. Recent Findings on Subjective Well-Being [J]. Indian Journal of Clinical Psychology. March, 1997, 24（1）：25－41.

[93] Ryff, C. D., Corey Lee M. Keyes. The Structure of Psychological Well-Being Revisited [J]. Journal of Personality and Social Psychology, 1995, 699（4）：719－727.

[94] 邢占军．中国城市居民主观幸福感量表的编制 [J]．香港社会科学学报，2002（23）：151－189.

[95] 林崇德，等．心理学大辞典 [M]．上海：上海教育出版社，2004.

[96] 侯杰泰，温中麟，成子娟．结构方程模型及其应用 [M]．北京：教育科学出版社，2004：45.

[97] 中华人民共和国教育部．教育部关于2005年全国学生体质与健康调研结果公告 [EB/OL]．教体艺 [2006] 3号．http：//www. moe. edu. cn/edoas/website18/48/info28348. htm.

[98] 费孝通．乡土中国 [M]．北京：生活·读书·新知三联书店，1985：25.

[99] 张兴贵．幸福与人格 [M]．广州：暨南大学出版社，2005：95.

[100] 冯江平，安莉娟．青年心理学导论 [M]．北京：高等教育出版社，2004.

[101] 赵汀阳．论可能生活——一种关于幸福和公正的理论（修订版）[M]．北京：中国人民大学出版社，2004.

[102] 怀特海．过程与实在 [M]．周邦宪，译．贵阳：贵州人民出版社，2006：286－293.

[103] 吴敬琏．当代中国经济改革 [M]．上海：上海远东出版社，2004.

[104] 孙立平．1990 年代中期以来中国社会结构的裂变［J］．天涯，2006
（2）：166 – 176．

[105] 卢汉龙．2006—2007 年：上海社会发展报告［M］．北京：社会科学文献出版
社，2007：49．

[106] 卢汉龙．社会建设与社会治理（上海社会发展蓝皮书・2006）［M］．北京：社
会科学文献出版社，2006：5 – 6．

[107] 文雪，扈中平．从博弈论的角度看"教育减负"［J］．中国教育学刊，2007
（1）：22 – 24．

[108] 楼玮群，齐铱．高中生压力源和心理健康的研究［J］．心理科学，2000，23
（2）：156 – 159．

[109] Nisbett, Richard. The Geography of Thought: How Asians and Westerners Think
Differently and Why［M］．New York：The Free Press, 2003：56．

[110] 宋杰，刘轶斌．上海某高校：仅两成大学生喜欢所学专业［N］．新闻晨报，
2007 – 09 – 11（A32）．

[111] 刘金花．儿童发展心理学［M］．上海：华东师范大学出版社，1996：263 – 264．

[112] Ilan I. Goldberg, Michal Harel, Rafael Malach. When the Brain Loses Its Self:
Prefrontal Inactivation during Sensorimotor Processing［J］．Neuron, 2006, 50（2）：
329 – 339．

[113] 吴康宁．课程社会学研究［M］．南京：江苏教育出版社，2004．

[114] 布鲁纳．教育的文化——文化心理学的观点［M］．宋文里，译．台北：远流
出版公司，2001．

[115] 梁启超．饮冰室文集点校（卷6）［M］．吴松，等，点校．昆明：云南教育出
版社，2001：3321．

[116] 沛西・能．教育原理［M］．王承绪，赵瑞瑛，译．北京：人民教育出版
社，2004．

[117] 吴明霞．30 年西方关于主观幸福感的理论发展［J］．心理学动态，2002，8
（4）：23 – 28．

[118] 叶澜．清思、反思、再思——关于"素质教育是什么"的再认识［J］．人民
教育，2007（2）：16 – 20．

[119] Norris, T, Hannah Arendt, Jean Baudrillard. Pedagogy in the consumer society
［J］．Studies in phylosopy and education, 2006, 25（6）：457 – 477．

[120] 埃德加・莫兰．复杂性理论与教育问题［M］．陈一壮，译．北京：北京大学
出版社，2004．

[121] 吉登斯．社会学（第4版）［M］．赵旭东，等，译．北京：北京大学出版社，

2003：863.

[122] 汪丁丁．制度分析基础讲义Ⅱ：社会思想与制度［M］．上海：上海人民出版
社，2005：188.

[123] 康德．论教育学［M］．赵鹏，等，译．上海：上海人民出版社，2005.

[124] 诺丁斯．学会关心：教育的另一种模式［M］．于天龙，译．北京：教育科学
出版社，2003.

[125] 叶澜．更新教育观念，创建面向21世纪的新基础教育［J］．中国教育学刊，
1998：7.

[126] 黄荣光．高中生课外阅读的价值取向［J］．语文教学通讯（高中刊），2005
（3）：12-13.

[127] 柏拉图．裴多篇［M］//张法琨．古希腊教育论著选．北京：人民教育出版
社，1994：12.

[128] 张法琨．古希腊"三杰"的教育思想［M］//张法琨．古希腊教育论著选．北
京：人民教育出版社，1994.

[129] 洛克．教育漫话［M］．杨汉麟，译．北京：人民教育出版社，2005.

[130] Terrence E. Deal, Kent D. Peterson. Shaping school culture：the heart of leadership
［M］. San Francisco：Jossey-Bass Publishers, 1999：23-24.

[131] 朱小曼．情感教育论纲［M］．北京：人民出版社，2007：63-66.

[132] 周振甫．周易译注［M］．北京：中华书局，1997：237.

[133] 刘晓春．民俗与社会性别认同——以传统汉人社会为对象［J］．思想战线，
2005，31（2）：19-23.

[134] 王波．颠覆与重构之间——对当代中国女性主义传媒批评的反思［J］．新闻与
传播研究，2006（2）：66-77.

[135] 董金平．话语与女性气质的建构——二十世纪以来中国女性气质变迁分析［J］．
江淮论坛，2007（2）：146-150.

[136] 童芍素，胡晓艺．正视现实、正确评价、正面引导——中国大陆广告传播与女
性问题的相关研究［J］．妇女研究论丛，2002（3）：30-37.

[137] 王蕾．视媒介中的女性形象"偏差"［J］．新闻界，2006（4）：80-81.

[138] 姜向群．就业中的性别歧视：一个需要正视和化解的难题［J］．人口研究，
2007，31（3）：41-49.

[139] 石美遐．中国现阶段女大学生就业问题研究［J］．妇女研究论丛，2005（z1）：
43-46.

[140] 李明欢．干得好不如嫁得好？——关于当代中国女大学生社会性别观的若干思
考［J］．妇女研究论丛，2004（4）：25-30.

[141] 王道阳，张更立，姚本先．大学生性别角色观的差异［J］．心理学报，2005，37（5）：658－664.

[142] 阴山燕，郭成，边仕英，赵慧．高中生应对方式及其与学业成绩的关系［J］．中国心理卫生杂志，2005，19（5）：330－332.

[143] 丁桂凤，赵国祥．青少年应对风格特点［J］．中国心理卫生杂志，2007，21（9）：659－660.

[144] 左志香．当代女高中生的性别意识探析——对武汉市400名高中生的调查［J］．青年研究，2007（9）：15－22.

[145] 左伟清．广东社会性别观念调查与比较分析［J］．特区理论与实践，2003（6）：57－60.

[146] 张果．新课改前后教材中性别角色的比较研究［J］．江西教育科研，2007（8）：100－102.

[147] 丁钢，岳龙．学校环境中的教育平等——基础教育中男生性别弱势的调查及思考［M］//丁钢．中国教育：研究与评论（第6辑）．北京：教育科学出版社，2004：1－69.

[148] 卢红，敬少丽．基于社会性别理论教师性别意识的研究——以若干中学教师个案研究为例［J］．教育科学，2007，23（2）：52－56.

[149] 夸美纽斯．夸美纽斯教育论著选［M］．任宝祥，等，译．北京：人民教育出版社，2004.

[150] 罗杰斯．大脑的性别［M］．李海宁，译．北京：生活·读书·新知三联书店，2004.

[151] 张敏，雷开春，张巧明．中学生学习效能感的特点研究［J］．心理科学，2005，28（5）：1148－1151.

[152] 斯宾塞．斯宾塞教育论著选［M］．胡毅，王承绪，译．北京：人民教育出版社，1995.

[153] 何芳．同伴群体如何影响学习：群体社会化理论视角［J］．外国中小学教育，2005（12）：32－36.

[154] 张文新，美萍，Andrew Fuligni．青少年的自主期望、对父母权威的态度与亲子冲突和亲合［J］．心理学报，2006，38（6）：868－876.

[155] 陆爱桃，张积家，张秋艳．我国青少年性生理、性心理发展性别差异的元分析［J］．中国心理卫生杂志，2006，20（7）：472－475.

[156] 程学超．试谈男女智力差异与因"性"施教［J］．山东师范大学学报：人文社会科学版，1989（6）：18－24.

[157] 许思安，张积家．教师的性别角色观："阴盛阳衰"现象的重要成因［J］．华

南师范大学学报：社会科学版，2007（8）：110 – 118.

[158] 古里安，等．男孩女孩学习的差异 [M]．张喆，等，译．北京：华龄出版社，2003：41.

[159] 苏珊·麦吉·贝利．教育男生和女生：性别平等教育的启示 [J]．周鸿燕，译．华南师范大学学报：社会科学版，2006（6）：34 – 38.

[160] 郑金州．教育文化学 [M]．北京：人民教育出版社，2000：244.

[161] 盛冰．现代学校制度的危机与制度社会资本的重建 [M] // 袁振国．中国教育政策评论（2005）．北京：教育科学出版社，2005：135 – 137.

[162] 盛冰．现代学校的危机与"功能共同体"的重建 [J]．教育理论与实践，2005，25（6）：15 – 19.

[163] 彭茜，郭凯．家校合作的障碍及其应对 [J]．教育科学，2001，7（4）：28 – 30.

[164] 马忠虎．家校合作 [M]．北京：教育科学出版社，1999：62 – 69.

[165] 李飞，张桂春．中美两国家校合作机制差异之比较 [J]．教育探索，2006（3）：49 – 50.

[166] 李生兰．上海幼儿园利用家庭、社区德育资源的调查与思考 [J]．学前教育研究，2003（1）：33 – 35.

[167] 王维平，等．山西省中小学家校合作现状研究 [J]．教育理论与实践，2007，27（7）：23 – 26.

[168] 吴遵民．关于对我国社区教育本质特征的若干研究和思考——试从国际比较的视野出发 [J]．华东师范大学学报：教育科学版，2003，21（3）：25 – 35.

[169] 夏学銮．中国社区建设的理论架构探讨 [J]．北京大学学报：哲学社会科学版，2002，39（1）：127 – 134.

[170] 李继星．学校不能成为社区的"文化孤岛"——社区与中小学相互开放教育资源的调查 [J]．中小学管理，2005（11）：41 – 42.

[171] 李征．上海市社区教育资源开发的现状分析 [J]．成人教育，2006（9）：54 – 56.

[172] 顾晓波．上海社区建设中的社区教育发展研究 [J]．教育发展研究，2004（Z1）：107 – 109.

[173] 杨国枢．中国人的心理与行为：本土化研究 [M]．北京：中国人民大学出版社，2004：108.

[174] 安东尼·吉登斯．社会学（第4版） [M]．赵旭东，等，译．北京：北京大学出版社，2003：668.

[175] 伯林，等．一个战时的审美主义者——《纽约书评》论文选 [M]．高宏，译．

北京：新世界出版社，2004.

[176] 朱晓宏．"无根的玫瑰"——试析中小学爱国主义教育中情感的失落 [J]．华东师范大学学报：教育科学版，2002，20（2）：49 – 52.

[177] 裴斯泰洛齐．裴斯泰洛齐教育论著选 [M]．夏之莲，等，译．北京：人民教育出版社，1992.

[178] 毛豪明，周黎．当代中国情感教育理论研究检视 [J]．中国教育学刊，2006（4）：27 – 29.

[179] 索绪尔．普通语言学教程 [M]．高名凯，译．北京：商务印书馆，2005：161.

[180] 申荷永．中国文化心理学心要 [M]．北京：人民出版社，2001：146.

[181] 中小学心理健康教育指导纲要 [EB/OL]．中华人民共和国教育部．http：//www. moe. edu. cn/edoas/website18/level3. jsp? tablename = 1161&infoid = 4604.

[182] 衣俊卿．现代性的维度及其当代命运 [J]．中国社会科学，2004（4）：13 – 24.

[183] 于伟．教育观的现代性危机与新路径初探 [J]．教育研究，2005（3）：51 – 57.

[184] 吴志攀．学生是什么？是"数字人"？[N]．人民日报，2006 – 11 – 30（15）.

[185] Mihaly Csikszentmihalyi, Kevin Rathunde, Samuel Whalen. Talented teenagers：the roots of success and failure [M]．London：Cambridge University Press，1993.

[186] 叶澜．我与"新基础教育"——思想笔记式的十年研究回望 [M] //丁钢．中国教育：研究与评论（第7辑）．北京：教育科学出版社，2004：28.

[187] 希尔贝克，伊耶．西方哲学史：从古希腊到二十世纪 [M]．童士骏，等，译．上海：上海译文出版社，2004.

[188] 伊壁鸠鲁，卢克来修．自然与快乐——伊壁鸠鲁的哲学 [M]．包利民，等，译．北京：中国社会科学出版社，2004：32 – 33.

[189] 叔本华．人生的智慧 [M]．韦启昌，译．上海：上海人民出版社，2008：译者序2.

[190] 格林．教育与国家形成：英、法、美教育体系起源之比较 [M]．王春华，等，译．北京：教育科学出版社，2004：7.

[191] 亚里士多德．尼各马科伦理学 [M]．苗力田，译．北京：中国人民大学出版社，2003：1 – 11.

[192] 伯格．通俗文化、媒介和日常生活中的叙事 [M]．姚媛，译．南京：南京大学出版社，2000.

[193] 罗敏．幸福三论 [J]．哲学研究，2001（2）：32 – 36.

[194] 乐国安．当代美国认识心理学［M］．北京：中国社会科学出版社，2001：175.

[195] 黑柳彻子．窗边的小豆豆［M］．赵玉皎，译．海口：南海出版社，2003：132－139.

[196] 蔡元培．蔡元培美学文选［M］．北京：北京大学出版社，1983：220－221.

[197] 赫胥黎．科学与教育［M］．单中惠，等，译．北京：人民教育出版社，2004：93.

[198] 康德．道德形而上学原理［M］．苗力田，译．上海：上海人民出版社，2005：44.

[199] 费希特．伦理学体系［M］．梁志学，李理，译．北京：商务印书馆，2007.

[200] 陈如为．在美国感受法律［J］．学子，2003（5）：48.

[201] 巴格莱．教育与新人［M］．袁桂林，译．北京：人民教育出版社，2004.

附　　录

实验性示范性高中高三学生主观幸福感量表

以下问卷涉及您在<u>高三生活中所遇到的一些情况</u>、您的一些做法或看法。请仔细阅读每道题目，并根据自己的**第一感觉**尽快作出回答。每道题目都有从"完全不符合"到"完全符合"七个等级的答案，请在最符合您情况的答案代码下打"√"。

	完全不符合	基本不符合	有点不符合	不确定	有点符合	基本符合	完全符合
1. 我和同学关系融洽。	1	2	3	4	5	6	7
2. <u>我总是想高考要是考不好怎么办。</u>	1	2	3	4	5	6	7
3. 我是一个挺不错的人。	1	2	3	4	5	6	7
4. <u>我常常感到自己很难与他人建立友谊。</u>	1	2	3	4	5	6	7
5. <u>我觉得在生活中非常缺乏自我的空间。</u>	1	2	3	4	5	6	7
6. 我和朋友相处得非常愉快。	1	2	3	4	5	6	7

	完全不符合	基本不符合	有点不符合	不确定	有点符合	基本符合	完全符合
7. 我对自己目前的成绩不是很满意。	1	2	3	4	5	6	7
8. 我时常感到有责任使周围世界变得更加美好。	1	2	3	4	5	6	7
9. 我好像总是生活在他人为我设计的生活里。	1	2	3	4	5	6	7
10. 我喜欢和家人在一起。	1	2	3	4	5	6	7
11. 我有时觉得家人对我的学习管得太严了。	1	2	3	4	5	6	7
12. 我常常在帮助别人中获得快乐。	1	2	3	4	5	6	7
13. 比起那些没学上的孩子，我是幸运的。	1	2	3	4	5	6	7
14. 我和家人彼此尊重。	1	2	3	4	5	6	7

	完全不符合	基本不符合	有点不符合	不确定	有点符合	基本符合	完全符合
15. 成绩不好，让我感到有点自卑。	1	2	3	4	5	6	7
16. 和家人在一起我感到特别愉快。	1	2	3	4	5	6	7
17. 我生活中大部分时间都在做自己不喜欢的事情。	1	2	3	4	5	6	7
18. 我的朋友挺多的。	1	2	3	4	5	6	7
19. 我为自己的父母感到骄傲。	1	2	3	4	5	6	7
20. 我拥有许多好的品质。	1	2	3	4	5	6	7

	完全不符合	基本不符合	有点不符合	不确定	有点符合	基本符合	完全符合
21. <u>我感到属于自己的时间越来越少。</u>	1	2	3	4	5	6	7
22. 我时常在帮助他人的过程中感受到生活的意义。	1	2	3	4	5	6	7
23. 我是一个有魅力的人。	1	2	3	4	5	6	7
24. 我的家人很开通。	1	2	3	4	5	6	7

各维度所含题目数：

良好亲子关系体验：24 16 19 14 10

自我掌控体验：<u>5 9 11 17 21</u>

良好同伴关系体验：1 <u>4</u> 6 18

生活意义体验：8 12 13 22

自我满意体验：3 20 23

成绩焦虑感适度体验：<u>2 7 15</u>

（画线部分为反向记分）

记分方法：

亲子：$10 + 3 \times ($原始分$- 27.6738)/6.19091$

自控：$10 + 3 \times ($原始分$- 22.4702)/6.51985$

同辈：$10 + 3 \times ($原始分$- 23.4949)/3.89958$

意义：$10 + 3 \times ($原始分$- 22.0051)/4.79698$

自尊：$10 + 3 \times ($原始分$- 16.5511)/3.39706$

压力：$10 + 3 \times ($原始分$- 10.4012)/4.08040$

后
记

后　记

　　本书是在我的博士论文基础之上修改而成的，2010 年年初通过评审列入了教育科学出版社教育博士文库出版计划。从与我的导师确定下这个研究主题，到毕业后这最后的修订，整个研究花费了近四年的时间。虽然在西方发达国家，教育与幸福研究已经在实证研究的基础上进行了理论的深化并开始向政策层面深入，但国内对这方面的实证研究关注得还不多，而且较多地停留在对学校教育关涉幸福的理论探讨上。因此，做这个研究很多都是从零开始摸索，而在这个过程中，我的思想也在不断地发生着变化。给我触动最大的是量化研究的结果分析和随后的访谈工作，在学生看似幸福的生活中包含了那么多复杂的、不确定的因素，使我更加坚定了自己的研究方向，并希望能够有更多的学者加入到这个行列之中，共同关注教育与幸福问题。

　　特别感谢我的导师丁钢教授。感谢老师没有因为我的学科背景而将我拒之门外；感谢老师深邃的思想和广博的知识，让我一跨入教育学的门槛，就站在了一个较高的起点上；感谢老师在三年的学习中没有给我规定任何框框，让我自由地思考、成长；感谢老师严谨的治学态度让我不敢有一点儿偷懒的行为，时时刻刻用自己所能达到的最高标准要求自己。

　　感谢参与本研究的 11 所实验性示范性高中的师生及领导，以及在研究中给予我帮助与支持的专家学者及同学们。感谢国际社会学协会社会控制论委员会主席 R.霍恩尤格教授，中国社会科学院社会学所博士后邢占军，以及"台湾"中央大学人格与社会心理学教授陆洛给予我的资料惠赠。尤其是霍恩尤格教授，他不仅给我发过来大量的资料，还对我的研究提出了中肯的建议，使我受益匪浅。感谢岳龙和郑新华两位师兄在联系学校过程中给予我的帮助。感谢浦东干部学院王君老师（同时也感谢张素玲师姐把王老师介绍给我），东北大学人文学院刘武教授，华东师范大学心理系桑标教授、文剑斌老师、王晓丽同学、许科同学、郑毅同学，以及学前教育系陈光华同学，在量表制作与分析过程中给予我的指导。感谢华东师范大学教育系 2005 级博士姜丽静、于珍、庞庆举、朱丽、胡红梅、王凯、李伟、孙元涛、王加强、杨大伟、刘义国、鲍道宏等同学，在论文的构思及写作过程中给予我的大力支持与热情帮助。由衷地感谢教育科学出版社教育博士文库丛书出版计划，使我的论文能够在更广泛的范围内得到交流。感谢教育科学出版社的领导，使我的论文有幸出版；感谢本书的责任编辑李芳女士，她在论文出版中付出了辛勤的劳动，对论文的修改与完善提出了诸多有价值的建议。

最后，也是最需要感谢的，是我的家人和朋友，尤其是我的丈夫与婆婆，我的朋友王红萍、龚雪华及她们的家人。没有他们的支持与帮助，我不可能带着儿子完成学业。也希望今后社会能够更加人性化，为年轻的妈妈们创造更好的条件，让她们不必在孩子与自己的学习和事业之间作出痛苦的选择。感谢我的朋友曹阳二中的李霞老师，没有她的大力支持我几乎无法完成预备问卷的编制。还有一份感谢要送给我的小儿子：是这个小生命的到来改变了我的生活态度，使我从一个静默的旁观者，转变成为积极的行动者；是这个小家伙的天真无邪，在我最情绪低落的时候，逗我开心；也是他那双清澈明亮的眼睛，让我在最没有信心的时候又重新点燃了勇气。感谢生活赋予我的一切！

出 版 人　所广一
责任编辑　李　芳
版式设计　孙欢欢
责任校对　曲凤玲
责任印制　曲凤玲

图书在版编目（CIP）数据

社会控制论视角下的教育与幸福：以上海市实验性
示范性高中为例／田若飞著．—北京：教育科学出版社，
2011.6
　　（教育博士文库）
　　ISBN 978-7-5041-5701-0

　　I.①社…　II.①田…　III.①高中生－幸福－研究
IV.①B844.2

中国版本图书馆 CIP 数据核字（2011）第 049666 号

教育博士文库
社会控制论视角下的教育与幸福——以上海市实验性示范性高中为例
SHEHUI KONGZHILUN SHIJIAO XIA DE JIAOYU YU XINGFU
——YI SHANGHAISHI SHIYANXING SHIFANXING GAOZHONG WEILI

出版发行　**教育科学出版社**

社　　址　北京·朝阳区安慧北里安园甲 9 号　市场部电话　010-64989009
邮　　编　100101　　　　　　　　　　　　　编辑部电话　010-64989235
传　　真　010-64891796　　　　　　　　　　网　　址　http://www.esph.com.cn

经　　销　各地新华书店
制　　作　国民灰色图文中心
印　　刷　保定市中画美凯印刷有限公司　　版　　次　2011 年 6 月第 1 版
开　　本　169 毫米×239 毫米　16 开　　　印　　次　2011 年 6 月第 1 次印刷
印　　张　11.75　　　　　　　　　　　　　印　　数　1—3 000 册
字　　数　177 千　　　　　　　　　　　　定　　价　25.00 元

如有印装质量问题，请到所购图书销售部门联系调换。